Genética Aplicada a la Acuacultura

Principios y Mejoramiento

VICTOR M. SALCEDA S.

ÍNDICE

BASES DE LA HERENCIA	1
PORTACIÓN Y TRANSFERENCIA DEL MATERIAL HEREDITARIO	9
VARIABILIDAD BIOLÓGICA Y AMBIENTE	31
VARIACIÓN FENOTÍPICA.	37
VARIACIÓN AMBIENTAL.	39
VARIACIÓN GENÉTICA Y HEREDABILIDAD.	41
LAS LEYES DE LA HERENCIA.	47
HERENCIA CUANTITATIVA	85
CITOGENETICA	109
GENETICA DE POBLACIONES.	135
GENETICA APLICADA A LA ACUACULTURA.	155
LINEAMIENTOS BASICOS PARA UN PROGRAMA DE MEJORAMIENTO GENETICO EN ORGANISMOS ACUATICOS.	155
MANEJO DE LAS POBLACIONES.	169
Técnicas de manejo de poblaciones.	169
BIBLIOGRAFIA	173
Acerca del autor	185

PROLOGO

El objetivo de la presente obra es coadyuvar al acuicultor aconsejándole como emplear los principios de la Genética como una herramienta con la que pueda manejar poblaciones de los organismos en cultivo y en su caso diseñar experimentos que le permitan en un momento dado incrementar la productividad de su granja. Por otro lado, que sirva como una guía para aquellos estudiantes interesados en el mejoramiento genético de especies de su interés y que deseen poner en práctica sus técnicas y en particular hacerlo con organismos acuáticos, ya que el estudio genético de los mismos y gracias al impulso reciente de la acuacultura, esta disciplina desarrollándose y por tanto en pleno auge.

Se decidió redactar esta contribución tomando en consideración aquellos problemas y retos a los que se enfrenta un acuicultor y presentar para lo resolución de estos, aquellas opciones que mediante la aplicación de los principios de la genética ayuden a resolver ese tipo de problemas.

El planteamiento de estas opciones sigue los lineamientos generales de cualquier texto de genética general. Se procuró que la mayoría de los temas ejemplifiquen los fenómenos, mecanismos o procesos genéticos mediante situaciones que incluyen especies de amplio uso acuacultural o con potencialidad para esta práctica, con especial énfasis en peces, moluscos y crustáceos de interés comercial, tanto de origen marino como de ambientes dulce acuícolas como salobres.

En términos generales se mencionan aquellas especies potencialmente más acordes con el campo mexicano, por considerase ser las más interesantes y prometedoras, por supuesto el acuicultor experimentado seleccionará según sus intereses las especies mayor conveniencia y se les sugiere que incluyan en sus proyectos la participación o asesoría de una persona dedicada al mejoramiento genético y claro está que su vez manifieste cierto interés por la aplicabilidad de sus conocimientos en la acuacultura.

Finalmente, en todos los casos expuestos se procura explicar y analizar conceptualmente cada fenómeno biológico-genético mediante la formulación y resolución en lo posible de una situación real.

Por último, deseo expresar mi agradecimiento a todas las personas que de una u otra forma me apoyaron e indujeron a la realización de esta presentación ya fuese con bibliografía, comentarios y sobre todo revisiones necesarias durante la escritura de la misma, muy en especial a...Rocio Salceda, Jesús Manuel León Caceres, Emeli Cortina, Rosa Ma. Escobedo, Jorge Tello, Yolanda Citlali Carbajal, Carolina Arceo y Gabriela Martínez por la crítica revisión del manuscrito y comentarios finales, por supuesto todas las fallas y omisiones son mi responsabilidad.

Victor M. Salceda

BASES DE LA HERENCIA

La Genética es la disciplina encargada del estudio de la herencia, esta ciencia se inició hace poco más de un siglo, después de conocerse los estudios de Gregorio Mendel quien a mediados del siglo XIX dio a conocer las leyes que rigen los procesos hereditarios y que hoy llevan su nombre, sin embargo, fue así como en los albores del siglo XX esta ciencia adquiere nombre y poco a poco acrecienta sus aportes a la humanidad.

El estudio de la herencia implica no sólo la determinación de las leyes o principios que la rigen sino desentrañar todos los procesos involucrados en la transmisión generación tras generación de las características propias de cada especie.

Por esta razón al estudiar la herencia y así hacer aportes a la genética es necesario comprender una serie de fenómenos y leyes o principios de otras disciplinas como lo son las de la Física, la Química y las Matemáticas y por supuesto sin olvidar a la Biología y en particular la del organismo con que se está trabajando.

Cabe menciona lo expresado en el Congreso Internacional de Genética realizado en 1978, "...esta ciencia ya no requiere encontrar nuevos principios basta sólo conocer a fondo la genética de cada organismo, así como las fuerzas que rigen los diferentes fenómenos índole genético". Por otra parte, debemos señalar que la genética, si bien es una de las disciplinas más jóvenes, ha alcanzado rápidamente su madurez y su desarrollo va aunado al aporte que ha conferido al bienestar físico, biológico y social de la humanidad al contribuir y/o aliviar el sufrimiento humano en lo que se refiere a una mejor salud, más y mejores alimentos, etc.

En la actualidad no existe disciplina biológica que no requiera el apoyo de la genética, esta es la razón principal por la que se decidió contribuir al desarrollo de la acuacultura al mostrar las bondades y ventajas que se obtienen al conocer y aplicar los principios de la genética en esta tecnología.

El mayor avance de la biología molecular ha sido el descubrimiento e interpretación de las bases físicas y químicas de la herencia así como el desciframiento del código genético, es pues el desarrollo de la biología molecular el que ha permitido dilucidar los conceptos de regulación y control genético, así, aunque no se trata de abundar en los avances de índole molecular es necesario incluir una breve introducción al tema la que será en la mayoría de los casos un repaso para el lector, pero es indispensable para poder comprender muchos de los fenómenos que ocurren en los organismos y que a su debido tiempo puedan ser aplicados a la acuacultura.

Aunque el ácido desoxiribonucléico (ADN) y el ácido ribonucléico (ARN) se conocen desde fines del siglo XIX como moléculas químicas no fue sino hasta mediados del siglo XX, en 1944, en que Avery, MacLeod y McCarty presentaron la primera evidencia, aunque indirecta, de que el ácido desoxiribonucléico es la substancia en que reside la información hereditaria, al encontrar y describir el principio de transformación mediante el empleo de cepas no virulentas de *Pneumococus sp.* Los cuales, al ser tratados con una fracción altamente purificada de ADN proveniente de una cepa virulenta del mismo organismo, fueron transformadas posteriormente en virulentas; posteriormente Hershey y Chase en 1952 aportan evidencias directas de que esta substancia es capaz de duplicarse por sí misma y de que la molécula de ADN porta la información genética en una frecuencia precisa de cuatro bases a lo largo de una cadena de polinucleótidos. El avance desmesurado de la genética molecular se inicia en forma tal que para 1956 numerosos reportes demuestran en varios virus que el ADN es el material hereditario.

Así en 1953 Watson y Crick proponen para la molécula de ADN una estructura helicoidal como la más probable que cumple con las propiedades básicas características del material hereditario como lo son la capacidad para portar la información genética y de duplicarse linealmente.

De igual manera suceden una serie de experimentos a partir de los cuales los investigadores demuestran todas las propiedades del ADN que incluyen la existencia de un códice y la traducción y funcionamiento del mismo, una breve descripción de esta molécula y de los procesos que ella desempeña son ahora pertinentes.

Los ácidos nucleicos son largas cadenas de polímeros constituidas de cuatro unidades diferentes denominadas nucleótidos, cada uno de ellos a su vez está estructurado de la siguiente manera: una base nitrogenada la cual puede ser púrica o pirimídica mismas que mediante uniones glucosídicas, mismas que por medio de uniones glucisídicas se unen al siguiente constituyente del nucleótido el cual es una azúcar de cinco carbonos (pentosa) y la que es ribosa para el ARN y desoxirribosa para el ADN, para terminar el nucleótido se une por medio de uniones esterasa con un grupo de fosfato, estas últimas uniones se establecen entre el carbono 5´de la pentosa para unirse y completar la doble unión con el carbón 3´de la pentosa correspondiente del siguiente nucleótido de la cadena y así sucesivamente hasta que queda constituido el polinucleótido. ..

Como se indicó las bases nitrogenadas constitutivas de los ácidos nucleicos son de dos tipos: púricas y pirimídicas estas últimas se encuentran en el ADN y son la citosina y la timina la cual en el caso del ARN es substituida por el uracilo. Con respecto a las bases púricas constitutivas de ambos tipos de ácidos nucléicos se tienen a la adenina y a la guanina.

Watson y Crick en su investigación acerca de la organización y configuración de la cadena de nucleótidos para constituir un ácido nucléico proponen que esta cadena sea una molécula doble y de configuración helicoidal, constituida por dos cadenas complementarias de polinucleótidos cuyo arreglo estereoquímico sigue la secuencia indicada arriba.

El apareamiento entre las dos cadenas de polinucleótidos para formar la doble hélice es posible mediante las uniones de las bases nitrogenadas de forma tal que la adenina (A) siempre se une a la timina (T) y la guanina (G) siempre lo hace con la citosina (C).

Esta disposición de las bases complementarias A-T y G-C confiere a las cadenas de la doble hélice una apariencia de escalera de caracol debido a los diferentes tamaños de las moléculas involucradas lo cual a su vez permitirá que la molécula efectué el giro correspondiente durante el acoplamiento de las dos cadenas.

La disposición de las bases a lo largo de la cadena, así como la forma en que se aparean específicamente, implica que la cantidad de guanina de una molécula sea igual a la de citosina, así mismo que en la otra cadena la cantidad de adenina sea igual la timina, por lo que ambas frecuencias al ser analizadas permiten deducir que en cualquier molécula de ácido nucleico existe una igualdad en la que las proporciones de A-T y G-C son iguales a la unidad.

Con esta breve relación se considera suficiente el entendimiento para la composición del material hereditario dado el carácter del presente trabajo, con la recomendación de para las personas interesadas en profundizar al respecto de consultar obras más especializadas. Con la misma brevedad y con las mismas recomendaciones se aborda ahora lo referente a la funcionalidad del material hereditario es decir los ácidos nucleicos.

El determinar la constitución de los ácidos nucleicos permitió atribuirles ciertas características que nos hacen considerarlos como el material hereditario, ahora bien, para que permitamos que esta molécula funja realmente como tal, debe de cumplir con una serie de requisitos que se le han adscrito a tal material, dentro de los cuales las más relevantes son:

-hacer copias de ellas mismas o sea auto replicarse

-portar la información hereditaria

-transferir la información

a estas tres propiedades se les dedican unas cuantas líneas.

Autoduplicación.- Una vez llegado el momento de la duplicación las dos cadenas del ADN se separan a lo largo de la línea de unión representada por puentes de Hidrógeno, cada cadena a su vez se convierte en un molde que propicia la formación de una cadena que de acuerdo con la forma en que se relacionan las bases complementarias, lo cual se lleva a cabo mediante la atracción de nucleótidos libres hacia los sitios complementarios de la cadena molde y del enlace entre sí de los nucleótidos adyacentes recientemente incorporados, todo ello se lleva a efecto por la acción de la enzima ADN-polimerasa.

Por la forma en que se lleva a cabo esta duplicación se dice que es una duplicación semi-conservativa pues su resultado son dos nuevas dobles de hélices de ADN cada una de las cuales posee una cadena de material original y otra recién sintetizada.

PORTACIÓN Y TRANSFERENCIA DEL MATERIAL HEREDITARIO

Estas funciones se ponen de manifiesto por la existencia de un código genético que funciona de la siguiente manera: como se sabe cada reacción bioquímica se lleva a efecto gracias a la intervención de las enzimas, las cuales a su vez son proteínas. Por su parte las proteínas no son otra cosa que un polímero de subunidades conocidas como aminoácidos, ahora bien, cada aminoácido consta a su vez de un grupo amino (NH2) y un grupo carboxilo (COCH) en el carbono alfa de la molécula. De entre el gran número posible de aminoácidos se sabe que sólo 29 de ellos ocurren en forma natural en las proteínas.

Por otra parte, cada proteína consta a su vez de un determinado número y tipo de amino ácidos unidos por enlaces peptídicos a lo largo de la secuencia específica característica para cada uno de ellos y que depende a su vez de la secuencia de nucleótidos en el ADN y que sirve de molde para la producción de una proteína mediante el proceso conocido como traducción. Debido a la presencia de sólo cuatro tipos de nucleótidos y la necesidad de codificar para 20 aminoácidos se requiere de un triplete de nucleótidos para la codificación de un aminoácido en particular ya que el número de posibles combinaciones de nucleótidos tomados de tres en tres hace factible la codificación de los 29 amino ácidos puesto que un número menor de amino ácidos sería insuficiente y por lo contrario un número mayor sería innecesario.

A la unidad formada por tres nucleótidos o triplete se le llama codón y es la unidad mínima de información en los ácidos nucleicos. Aunque el número de codones resultante de un código que funciona con base en tripletes es superior al de aminoácidos esto no afecta la información en el código pues cada aminoácido es codificado por diferentes codones y de ahí que se diga que el código es degenerado, además existen tres codones que no codifican para algún aminoácido y a los cuales se les llama sin sentido, sin embargo, actúan en la codificación como señales de puntuación. Finalmente hay que señalar que el código es el mismo para todos los organismos lo que le da la confirmación de que el ADN es el material hereditario.

Una vez que se conocen las características principales de la substancia constitutiva y responsable de la información hereditaria, así como su comportamiento y propiedades se debe suponer la existencia de entidades físicas con propiedades mecánicas que las capaciten para portar este material. Estas entidades se conocieron desde antes que el ADN fuera descubierto y no son otra cosa que los elementos presentes en el núcleo, los cromosomas, a los cuales y sin el conocimiento de la existencia de los ácidos nucleicos se les considero como responsables de la herencia desde que fueron observados al microscopio.

La teoría cromosómica de la herencia propone que las unidades responsables de la transmisión de los caracteres sean los cromosomas y en la actualidad este principio significa aún más que la cromatina sea la base material de la herencia, puesto que la misma teoría involucra la idea de individualidad y continuidad de los cromosomas.

Como habrá notado el lector, paso a paso se ha incorporado en esta presentación no sólo las complejas y estructuras intracelulares, sino inclusive conceptos, se debe sin embargo aclarar que en el desarrollo de la genética algunos de los conceptos conocidos con anterioridad se ven reforzados con nuevas aportaciones, las cuales deben adecuarse e incorporarse al conocimiento existente para darle así mayor sentido y claridad

De esta manera se han incorporado los conceptos de material hereditario hoy conocido como ácido desoxirribonucleico o ADN, con toda la información pertinente a su funcionamiento como lo es el de traducir y transcribir la información, la existencia de corpúsculos visibles, los cromosomas, en los cuales está incorporada dicha substancia y ha surgido así mismo el concepto actual de gen, que a su debido tiempo se relacionará con los conceptos previos del mismo

Imaginemos ahora una célula eucarionte en la cual se encuentran presentes sus componentes fundamentales: membrana, citoplasma y núcleo.

El núcleo celular mediante la utilización de colorantes específicos se pone de manifiesto en la interfase como un cuerpo opaco y de apariencia homogénea, este cuerpo ha adquirido dicha coloración debido a la acción específica del colorante empleado el que reacciona con la substancia presente en el núcleo que como ya sabemos es la cromatina.

Pues bien esta célula llegada la etapa fisiológica de la reproducción y que en términos generales es conocida como etapa de división celular, presenta su núcleo en un estado tal que habiéndose llevado a cabo previamente la síntesis de proteínas la replicación del ADN entra en una etapa de actividad .nuclear y que al emplearse la microcinematografía es un magnífico espectáculo el que puede ser analizado en el laboratorio mediante el empleo de diferentes técnicas como lo es el cultivo de tejido, mediante esta técnica el tejido es sometido a diferentes tratamientos y posteriormente sacrificado de manera que al preparar laminillas y teñirlas nos permitirán observar que es lo que ocurre dentro de las células , es decir qué está pasando con el material nuclear durante el proceso de división celular.

Al iniciarse la actividad nuclear se observa que el primer paso del proceso consiste en una condensación del material nuclear el cual hasta este momento era homogéneo y estaba distribuido uniformemente, así, procede el proceso y mediante el fenómeno conocido como espirilización empieza a constituir un largo filamento de apariencia entrelazada como el de una madeja enmarañada, este filamento no es otra cosa más que la cadena de polinucleótidos constituyentes del ADN.

En pasos sucesivos esta madeja se consolida y fragmenta en cuerpos diferentes, el tamaño y número de ellos es variable según la especie de que se trate, pero para cada una de ellas permanece constante, estos fragmentos no son otra cosa que los cromosomas.

Los cromosomas una vez constituidos continúan el proceso ya iniciado mediante una serie de ordenada y secuencial de movimientos que permitirá la duplicación de estos, este proceso cuando ocurre en células somáticas recibe el nombre de mitosis y tratándose de tejido germinal el fenómeno se conoce como meiosis.

Ambos procesos son similares en cuanto al comportamiento de los cromosomas, sin embargo, existen diferencias de fondo entre ellos. La mitosis sirve para que un órgano u organismo crezca porque le permite la proliferación de células somáticas y el segundo, la meiosis, sirve para que un organismo se reproduzca, así tendremos al término del proceso que en el primer caso se obtienen como resultado dos células en todo similares entre sí a la que les dio origen y por lo tanto con la misma cantidad y calidad del material hereditario, de estas células se dice que son diploides. En el segundo caso, meiosis, se originan durante el proceso cuatro células, pero corresponde a cada una de ellas la mitad de la información, por lo que se dice de ellas que son haploides.

Es pues ahora pertinente una breve descripción de ambos procesos para así señalar las semejanzas y diferencias entre ambos y poder completar la información.

MITOSIS. Es el proceso que ocurre en todas las células somáticas y mediante el cual a partir de una célula se originan dos nuevas células, de esta forma se efectúa el crecimiento de los organismos pluricelulares, por el mismo procedimiento se reproducen asexualmente los organismos unicelulares pues al finalizar la mitosis las dos células hijas se separan y cada una de ellas se constituye en un nuevo individuo.

En forma simplificada la mitosis consiste en la ruptura y separación de los cromosomas con lo cual desaparece el núcleo como unidad morfológica, continua a mitosis con una serie de movimientos cromosómicos que finalizan con la distribución equitativa de los cromosomas en juegos diploides que se dirigen cada uno a los polos celulares. Posterior a la separación se reorganiza una nueva membrana nuclear alrededor de cada juego cromosómico, constituyéndose así una célula binucleada que progresivamente divide su citoplasma en dos por medio de un tabique. Cada mitad se constituye en una nueva célula y finaliza el proceso mitótico con la formación de dos células hijas idénticas en contenido e información hereditaria a la que le dio origen. Esquemáticamente este proceso puede ser analizado en la figura 3.

Esta breve descripción de la mitosis no nos aclara completamente la serie de movimientos que realizan los cromosomas, los cuales son de gran importancia puesto que a ellos se debe el que cada célula resultante posea un juego completo de genes.

La serie de movimientos que realizan los cromosomas durante la mitosis permite que la célula pase sucesivamente por cuatro etapas o fases conocidas con los nombres de: profase, metafase, anafase y telofase; existe además una etapa conocida como interfase y que ocupa la mayor parte de la vida celular, es durante la interfase cuando se realiza la síntesis de proteínas conducente a la duplicación del material hereditario, describamos ahora cada una de las fases de la mitosis.

INTERFASE. Las células en esta etapa presentan su núcleo bien definido con su(s) nucléolo(s) y demás organelos, los cromosomas no son distinguibles como unidades independientes pues se encuentran constituyendo una madeja compacta; fisiológicamente es la etapa en la cual se lleva a cabo la duplicación del ADN además de estarse realizando simultáneamente la síntesis de proteínas.

PROFASE. Esta etapa se inicia con la separación, individualización y desplazamiento de los centriolos hacia los polos opuestos de la célula; a partir de los centriolos se forman unos pequeños haces o rayos micro lóbulos que constituyen el aster y que conforme avanza el desplazamiento hacia los polos originan la aparición de nuevas fibrillas hasta constituir una delicada red conocida con el nombre de uso mitótico o acromático. Simultáneamente el nucléolo desaparece como estructura visible y los cromosomas, que hasta este momento constituían una madeja compacta, se hacen visibles y se individualizan, adquieren una forma característica de tamaño pequeño y de espesor considerable, todo esto como resultado del enrollamiento de las cadenas de ADN; en cuanto son visibles al microscopio puede notarse que cada cromosoma consiste en realidad de dos fibras reciben el nombre de cromátidas y que están unidas entre sí por el centrómero, aquí es necesario mencionar que la presencia de las cromátidas es la prueba contundente de que ha ocurrido la duplicación del ADN en la previa etapa interfásica. La profase finaliza con la desintegración de la membrana nuclear que deja a los cromosomas y al resto de las estructuras nucleares flotando libremente en el citoplasma.

METAFASE. Esta etapa se caracteriza por la formación y consolidación del huso acromático, estructura formada como ya se indicó, por fibras que se dirigen de uno a otro de los polos celulares y conectando de esta manera entre sí a los centriolos; en la región ecuatorial de la célula hacen contacto con los centrómeros de cada cromosoma, aún en forma de cromátidas, los cuales se encuentran ya situados en la zona ecuatorial de la célula; los movimientos cromosómicos subsecuentes son dirigidos y coordinados por medio de las fibras constitutivas del huso acromático.

ANAFASE. Los movimientos cromáticos continúan y al iniciarse el anafase las cromátidas hermanas se separan y pasan a constituirse propiamente en cromosomas, los cuales se dirigen, uno de cada par, a cada uno de los polos celulares. En esta etapa, por lo tanto, se presenta la separación de las cromátidas formando dos juegos cromosómicos que se han dividido equitativamente y que se encuentra cada uno de ellos en un hemisferio celular listos para iniciar la migración hacia el polo respectivo. Es el anafase la etapa en la cual puede apreciarse con mayor nitidez el número diploide duplicado de cromosomas (en el caso del hombre 92 cromosomas).

TELOFASE. Es la última fase de la mitosis y se caracteriza por el reagrupamiento de los cromosomas en dos núcleos, uno por hemisferio; reaparece asimismo la membrana nuclear y el (los) nucléolo(s).Simultáneamente los cromosomas comienzan a desenrollarse y finalmente desaparecen como estructuras individuales, el citoplasma se divide mediante la formación gradual de un tabique o bien por la constricción de la membrana celular; como resultado de todo este proceso se obtienen dos células idénticas en cuanto a información hereditaria y número de cromosomas, las cuales inician una nueva etapa que corresponde a la interfase del siguiente ciclo celular.

MEIOSIS. Quizá sea este el mecanismo más significativo del proceso hereditario, al menos en aquellos organismos que se reproducen sexualmente. La meiosis es el proceso natural por el que se lleva a cabo la trasmisión del material hereditario de generación en generación y en el que mediante el fenómeno de la recombinación que ocurre dentro de él se confiere a los individuos y a las especies la variabilidad, elemento fundamental en la evolución de las especies.

Salvo pequeñas variantes especificas este mecanismo en sus diferentes etapas fundamentalmente es similar para todos los organismos. La meiosis por lo tanto es el mecanismo que permite, mediante las divisiones celulares sucesivas una es ecuacional y a la vez reduccional la producción de células haploides a partir de células diploides. {a meiosis es un proceso que se realiza en las gónadas (ovario o testículo según el sexo del individuo), en las cuales a partir de células indiferenciadas (oogonias y espermatogonias), se producen las células sexuales propiamente dichas; así a partir de una oogonia se produce un óvulo y tres glóbulos polares y a partir de una espermatogonia cuatro espermatozoides.

Al igual que la mitosis consta de una serie de movimientos y transformaciones del material nuclear, conocidas como fases, sin embargo, difiere de ella por la división de la primera profase en una serie de etapas características como se describen a continuación-

INTERFASE I.- Durante esta etapa el material nuclear no presenta una estructura definida y son tan similares que sólo si sabemos el origen tisular se sabrá si se trata de un proceso mitótico o uno meiótico, por lo tanto, esta es etapa idéntica en ambos casos. El ADN ya se encuentra duplicado y los cromosomas constituidos por dos cromátidas unidas por el centrómero formando una madeja compacta.

PROFASE I.- En esta fase se llevan a cabo una serie de movimientos y transformaciones morfológicas que le confieren una importancia fundamental inigualable y que la diferencia de la profase mitótica. Estos movimientos y cambios para su mejor comprensión y dada la especificidad de las estructuras que aparecen, se divide para su en las siguientes fases o etapas:

LEPTÓTENA. - Caracterizada porque durante ella se realiza la separación de los centriolos, la formación del huso, la desaparición de la membrana nuclear y del (los) nucléolo(s), asimismo se inicia la individualización de los cromosomas.

PAQUITENA. - En esta fase los cromosomas, debido a la fuerte presión de unión, sufren una serie de deformaciones se manifiestan por un acortamiento longitudinal acompañado de un engrosamiento transversal que los hace fácilmente visibles y reconocibles formando las figuras características de esta etapa, las tétradas que son los cromosomas homólogos apareados o bivalentes.

DIPLOTENA.- Durante esta etapa se lleva a cabo la separación de las tétradas, cada una en dos unidades denominadas diadas, cada diada está a su vez constituida por dos cromátidas; en esta etapa es frecuente que las cromátidas presente puntos de unión entre sí que constituyen los llamados quiasmas y cuya función consiste en permitir la ruptura y reunión de los cromosomas y un intercambio del material hereditario promoviéndose con ello el entrecruzamiento cuyo productores la recombinación que a su vez es la causante de la variabilidad . en esta etapa no se presenta aún la separación o individualización de las diadas, en este momento se llega al término de la profase I y la célula entra a la siguiente etapa meiótica.

METAFASE I.- Se caracteriza porque las tétradas se colocan en posición ecuatorial típica de esta fase, por la formación de las fibras del huso que conectan entre sí a los centriolos colocados en diferentes polos y que al pasar por los centrómeros de cada conjunto cromosómico les permiten dirigir los movimientos subsiguientes.

ANAFASE I.- En esta etapa se lleva a cabo la separación de las tétradas para constituir las diadas, las cuales se agrupan dos masas que guiadas por las fibras del huso les permitirá emigrar hacia los polos celulares. En este momento cada conjunto cromosómico está constituido por un juego haploide de cromosomas.

TELOFASE I.- Al reunirse en cada polo los juegos de cromosomas y restaurarse la membrana nuclear desaparecen sucesivamente las fibras del huso y el aster. El citoplasma se divide y origen a dos células, las cuales entran en una etapa conocida como interquinésis de mayor o menor duración según la especie de que se trate. Con esto las células están listas para realizar la segunda división meiótica, la cual es equivalente a una mitótica sólo que sus fases se denominan profase II, etc. Baste decir que una vez realizadas las dos divisiones meióticas con las que se concluye el proceso se obtienen los siguientes productos celulares, a partir de cada oogonia un óvulo y tres glóbulos polares y a partir de cada espermatogonia cuatro espermatozoides.

CROMOSOMAS. - Comentemos brevemente, para la mejor comprensión de estas estructuras sus características y estudio, fundamentales en la vida de los organismos.

El estudio de los cromosomas sería un dolor de cabeza si sólo consistiera en determinar el número de ellos en cada especie, lo cual no es popular para un académico, sin embargo, es más apropiado el considerar la tarea del conteo y y determinación del número de cromosomas para cada especie como un trabajo preliminar en la búsqueda de nuevas fuentes de investigación, algunas de las cuales serán de gran valor para la solución de problemas genéticos más profundos, por ejemplo la producción de especies híbridas a partir de especies progenitoras con números cromosómicos diferentes. Los cromosomas para ser estudiados presentan una serie de diferencias, a saber:

a.- tamaño absoluto del cromosoma

b.- posición del centrómero

c.- tamaño relativo del cromosoma

d.- diferencia en el número básico

e.- número y posición de los satélites

f.- en grado y distribución de regiones heterocromáticas

todas estas son razones que inducen a hacer estudios de ellos en los organismos de interés y es por ello que en forma breve se referirán algunas de sus características. Hasta el momento hemos delineado y descrito en forma sencilla las características químicas del material hereditario y hemos localizado ese material en el núcleo y más directamente en los cromosomas de los cuales se han analizado su comportamiento y duplicación.

Es ahora el momento para hacer una descripción de los mismos para una mejor comprensión de su fisiología y para poder en su momento aplicar el conocimiento derivado de esos estudios a las diferentes prácticas acuaculturales o si se quiere decir de otra forma de las aplicaciones de la genética en la acuacultura.

Lo primero que debemos señalar es el número de cromosomas presentes en un organismo. Así sabemos que éste es variable cuando nos referimos a especies diferentes, pero lo normal es que todos los individuos de una misma especie tengan el mismo número de ellos en todas sus células con excepción de las células sexuales o bien en los casos en que existe poliploidía entre los individuos que constituyen la espacie. El número de cromosomas es pues una característica constante para cada especie, en algunos peces este ocurre pues en una muestra de peces puede haber un 96% individuos con diferente número de cromosomas.

Los cromosomas son estructuras que en metafase pueden tener, en cuanto a morfología se refiere, una apariencia de punto, de barra, de jota (J), de v (V). En cuanto a sus dimensiones el tamaño de los últimos tres tipos es variable.

Cada cromosoma está constituido por dos estructuras idénticas unidas paralelamente entre sí por el centrómero y que son las cromátidas, cada una de ellas está su vez constituida por uno o más filamentos finos, los cromonemas, que contienen regiones características de mayor o menor condensación del material constitutivo y de fácil teñido ante colorantes específicos que son conocidos bajo el nombre de cromómeros.

Los criterios para describir los cromosomas se basan en su tamaño, así como en la posición que ocupa el centrómero a lo largo del mismo, este centrómero es el punto de unión de los cromosomas con las fibras del huso acromático y sirve de referencia para la toma de medidas del cromosoma. Como ya indicamos el tamaño de los cromosomas es muy variable, aunque en términos generales se les describe como pequeños, medianos y grandes, claro, esta descripción es relativa y se refiere exclusivamente a los cromosomas presentes en una misma especie u organismo. Medidas específicas dependen del estado fisiológico en que se encuentre el tejido del cual se está haciendo el análisis y por lo tanto dependerá también de la etapa del ciclo celular en que se encuentre la célula.

En cuanto a su morfología ya hemos señalado cuatro formas típicas de los cromosomas y ellas dependen de la propia estructura de los mismos en los cuales podemos reconocer: telocéntricos aquellos cromosomas en los cuales el centrómero se encuentra en posición terminal; acrocéntricos en cuyo caso el centrómero ocupa una posición subterminal; los submetacéntricos en que la posición del centrómero es de aproximadamente a un tercio de la longitud total del cromosoma y finalmente los metacéntricos en los que la estructura que nos sirve de referencia se encuentra en posición media a lo largo del cromosoma.

Es importante señalar que la posición del centrómero es relativamente constante, razón por la cual se utiliza como un indicador en cada cromosoma y que probablemente esto nos indique el nivel local de espirilización dentro del cromosoma.

Durante los estados de mayor condensación es posible detectar la presencia de una serie de bandas teñidas con mayor o menor intensidad las cuales en el caso de los Dípteros es muy peculiar. Algunas regiones permanecen altamente condensadas durante todo el tiempo y se le identifica como zonas heterocromáticas y que son proporcionalmente menores en longitud a las zonas de eucromatina que como antes se dijo presentan altibajos en su manifestación según el estado de condensación del cromosoma.

En cuanto a las funciones que desempeñan los cromosomas es necesario describir las siguientes: en primer término tenemos como principales las funciones de almacenamiento, duplicación y transmisión del material hereditario, lo cual ha quedado demostrado al hacer el análisis de la meiosis como un proceso mecánico que permite no sólo el almacenar sino también portar y transmitir la información, es decir el material hereditario que como ya señalamos es el ADN y que es un símil perfectamente acoplado de la replicación de la doble hélice, además porque la función y estructura de la misma demuestra que el proceso es complementario y por qué no concordante a nivel químico (ácidos nucleicos) y físico o mecánico en cuanto a entidades observables, los cromosomas

En segundo lugar, tenemos, como funciones cromosómicas, la regulación génica, de tal manera que los productos primarios de los genes sean distribuidos en cantidades apropiadas y en el momento preciso para producir una secuencia ordenada y específica de eventos bioquímicos y celulares durante el desarrollo del organismo. La contraparte a nivel molecular de esta función corresponde a los mecanismos de transcripción del ARN traducción y síntesis de proteínas.

El tercer grupo de funciones cromosómicas son la regulación de la recombinación de los genes en la progenie segregante de un híbrido (en el sentido más amplio del término) entre dos individuos diferentes genéticamente y en perfecta concordancia con las Leyes

Mendelianas, pues como se ha demostrado mencionada por múltiples experimentos, los genes localizados en diferentes cromosomas segregan de acuerdo a la mencionada Ley de la Segregación Independiente, mientras que los genes portados en el mismo cromosoma permanecen ligados genéticamente.

Esta recombinación y subsecuente segregación conferirá a la especie el manifestar una diversidad fenotípica y genotípica conocida como variabilidad genética que es fundamental en la adaptación y evolución de los organismos y de las especies.

Finalmente debemos señalar que, en concordancia con la teoría cromosómica de la herencia, la individualidad de los cromosomas tiene o guarda relaciones específicas con las características corporales según ha sido definida la primera parte de esta aseveración por los citólogos y la segunda parte demostrada por los genéticos (genetistas).

VARIABILIDAD BIOLÓGICA Y AMBIENTE

Pese al enorme número de especies conocidas sólo unas 20000 de ellas son utilizadas comercialmente por el hombre y de ellas unas cuantas se han beneficiado con la aplicación de la Genética.

Un reto para abrir las nuevas fronteras para la investigación genética es el incorporar nuevas especies y medios ambientales propicios a plantas y animales, así como a nuevas plagas y enfermedades, el nuevo uso de la bioquímica y el gran aumento de la población que son limitantes para una vida satisfactoria. Así, el empleo de plantas cultivadas y animales domésticos se conoce como cultivo. Cada día con mayor eficiencia el hombre está controlando tanto la genética como el ambiente de estos cultivos.

Siendo los principios básicos de la Genética los mismos para un cultivo que para una plaga se ha obtenido en ocasiones mayor provecho al estudiar la genética de los virus o de las plagas que al estudiar la genética de un cultivo en particular ya se trate de un rábano o de una vaca.

La genética de un cultivo no es lo mismo que el mejoramiento de este, ya que la primera implica el conocimiento de todos los fenómenos biológicos afectados de una u otra forma por las leyes de la herencia, en cambio lo segundo implica casi exclusivamente la aplicación de dicho conocimiento para incrementar una característica favorable con fines comerciales en la mayoría de los casos. Así, un mejorador maneja simultáneamente varios oficios, artes y ciencias relacionados con el cultivo de interés, dentro de ellos la Genética puede ser considerada la más importante, por lo tanto, un mejorador exitoso puede o no tener poco o ningún conocimiento de Genética, sin embargo, en la actualidad los mejoradores dependen métodos genéticos refinados para su mejor desempeño, lo cual se hará patente en las páginas que siguen.

La descripción y análisis de la variabilidad biológica es pues el punto de partida para cualquier investigación de tipo biológico y un genético (genetista) debe por lo tanto saber distinguir entre los componentes genéticos y no genéticos o ambientales de la variación si desea conocer el modo de herencia de una característica o fenómeno que se esté estudiando. Es en la variabilidad hacia donde debe dirigirse la investigación de la genética de aquellos organismos de importancia o valor acuacultural. En este punto la ciencia de la Genética ha recurrido cada vez más a las herramientas complicadas de la Estadística, esto es más evidente en los estudios de carácter económico de las características comerciales de los cultivos, así dos hechos destacan la importancia de la estadística:

a.- la mayoría de las características de importancia económica son gobernadas por varios genes, por lo que su variación es de tipo continuo, por ejemplo, la talla y el paso corporal de un pez.

b.- en la investigación acuacultural es frecuente derivar información genética, con una eficiencia mínima, a partir de datos provenientes de poblaciones pequeñas.

Aunque no es la intención hacer un tratado de la estadística utilizando la genética cuantitativa, sin embargo, el conocimiento de los resultados derivados desde el punto de vista estadístico-genético requiere el claro entendimiento de varias constantes y de conceptos estadísticos fundamentales los cuales procuraremos ahora analizar en forma breve.

La estadística empleada para describir la variabilidad biológica incluye medidas promedio, dispersión y relación dentro de las cuales las más usuales son:

a.- como medida de del promedio, la media

b.- como medida de dispersión, la varianza, el intervalo y la desviación estándar

c.- como medida de relación, la correlación y la covarianza

dentro de todas ellas, las más importantes, por la información que aportan son la media y la varianza.

La media simbolizada por x describe el promedio o tendencia central del comportamiento de (los) aspecto(s) sujeto(s) a estudio de una población y esta se calcula haciendo la suma de ellas, simbolizada cc, de las observaciones (x) y dividido entre el número (n) total de ellas, lo cual algebraicamente se expresa de la siguiente manera: X= ccc/ n

Por su parte la dispersión de una población puede indicarse de la manera más simple por su intervalo o valores extremos. En muchos casos la dispersión de una población, al definirla estadísticamente, es tan importante como la media.

La varianza es la medida más frecuentemente utilizada en genética-estadística puesto que es el parámetro de mayor valor que nos describe la variación de una característica biológica.

Procedamos ahora con la variación genética y veamos cómo es posible analizarla, puesto que tiene varios componentes los describiremos por separado.

VARIACIÓN FENOTÍPICA.

Considerada en forma global la variación biológica en cualquier especie es abrumadora, como se ha señalado probablemente no existen dos individuos idénticos (quizá ni los gemelos univitelinos) por lo que es posible detectar diferencias discretas entre ellos es decir diferencias que varían a lo largo del intervalo de distribución de la característica que se analiza como lo es el peso corporal y que por lo general lo podemos representar gráficamente. Así al distribuir las frecuencias de una población la gráfica adquirirá la forma de una curva normal, estas diferencias no son otra cosa que variaciones genéticas que podrán redituar al acuicultor su inversión cuando hace uso de ellas, sin embargo, estas diferencias son generalmente de tipo cuantitativo y a menudo difíciles de distinguir y evaluar.

Discernir la porción heredable de esta variación biológica cuantitativa requiere no sólo de buen ojo para seleccionarla sino también de la disponibilidad y empleo de los mejores métodos estadísticos; así, la variación biológica total de un carácter dado presente en una población se describe estadísticamente por medio de la varianza fenotípica que se simboliza como Vp (se emplea la p por provenir del término inglés phenotypic = fenotípico) , los componentes de esta varianza la genética Vg y la no genética o ambiental Ve (la e deriva del inglés enviromental = ambiental) de tal manera que por definición tenemos la siguiente expresión:

Vp = Vg + Ve.

El desarrollo de las leyes que rigen la genética, elaboradas por Mendel como se verá adelante, ha requerido de la cuidadosa selección de características en las cuales la varianza está disminuida para asegurar su mejor aprovechamiento; así, el mismo Mendel en el reporte de sus hallazgos acerca de su investigación con chícharos , tuvo mucho cuidado en seleccionar aquellos fenotipos más apropiados procurando eliminar para la conducción de sus experimentos, aquellos que mostraban una variación irregular o inconstante, de las 34 variedades iniciales segregantes para diferentes características anatómicas.

El seleccionó siete para llevar a cabo sus ahora clásicos experimentos y se basó para esta selección en que los rasgos a ser estudiados fueran constantes y diferenciables y procuró que la variación del fenotipo fuese debida fundamentalmente al aporte genético de los individuos y con una porción del componente no genético prácticamente nulo.

VARIACIÓN AMBIENTAL.

Todo organismo está constantemente expuesto, respondiendo y adaptándose al medio ambiente, el cual es también cambiante. En el sentido más amplio este medio incluye todos los factores intra y extracelulares mismos que influencian la expresión del genotipo. Cualquier descripción genética de una población, ya se trate de plantas o animales, debe por lo tanto incluir observaciones a menudo muy detalladas del medio ambiente que rodea a esa población y el cual se expresa en términos de su varianza ambiental V_e.

La varianza incorpora estadísticamente toda la variación no directamente atribuible a los genes segregantes por lo que en ocasiones se refiere a como la varianza no genética, esta varianza ambiental incluye o está compuesta por dos componentes principales uno intangible y el otro controlable, la porción intangible está constituida por los residuos estadísticos conocidos como error y por algunas interacciones de los componentes genético y ambiental, recuérdese a este respecto que se está analizando y manejando una población y que los datos provenientes de ella mediante el empleo de la estadística , razón por la que se incluyen los residuos estadísticos o error. Dentro de los factores o componentes controlables podríamos señalar como un ejemplo el componente nutricional que afectará la salud y el desarrollo de un organismo ya sea cuando es deficiente o cuando se encuentra en exceso.

Comúnmente los experimentos de índole genético son diseñados de tal manera que se procura disminuir la variación del componente controlable de la varianza ambiental. La varianza ambiental puede ser representada de tal manera que la importancia relativa del componente controlable pueda ser manejado según lo requiera el experimento o el investigador.

El componente ambiental de la varianza puede ser estimado con facilidad en estudios sobre organismos o poblaciones de ellos que no tiene o manifiestan entre sí varianza genética como podrían ser los estudios sobre gemelos o bien clones. En este tipo de estudios se procura que la varianza genética tenga un valor de cero y que la varianza fenotípica sea igual a la ambiental.

VARIACIÓN GENÉTICA Y HEREDABILIDAD.

La variación genética proviene de la contribución de los genes segregantes y de sus interacciones con otros genes presentes en el genoma de los individuos analizados. Por su parte el término heredabilidad, representado por la letra H, expresa la porción del total de varianza fenotípica que es de índole genética o heredable y se representa de la forma siguiente:

H =Ve / Vp o bien Vg / Vg + Ve

Esta relación se expresa comúnmente en porcentaje, así, una heredabilidad del 100% está indicando que no existe variación debida al ambiente en la manifestación o expresión de una determinada característica. Consecuentemente, conforme el componente ambiental de la varianza aumenta, el valor de la heredabilidad tenderá a disminuir. El avance o ganancia genética por medio de la selección es el objetivo primario del mejoramiento de plantas y animales.

La selección efectiva de individuos genéticamente superiores requiere de dos condiciones:

a).- la variación fenotípica debe ser adecuada en la población original, es decir baja.

b).- la heredabilidad de los caracteres seleccionables deberá ser lo suficientemente alta para que permita que la selección sea efectiva.

En términos generales podemos decir que conforme la heredabilidad que conforme la variación fenotípica se incrementan el avance genético, debido a la selección artificial, también se incrementará.

Los tres componentes primarios de la varianza genética fueron propuestos originalmente por Sewall Wrigth y son:

a).- varianza genética aditiva

b).- desviación debida a la dominancia

c).- interacción o desviación epistática

Para una mejor comprensión de estos factores bástenos saber que para calcular que cualquier par de genes con un efecto cuantitativo diferente estará contribuyendo a la varianza genética de índole aditiva, por su parte siempre que la expresión de un individuo heterocigoto para un rasgo determinado sea más semejante a a cualquiera de los homocigotos que le dieron origen se estará contribuyendo a en la manifestación del carácter mediante el factor debido a la dominancia.

Varianzas genéticas que involucran alelos que muestran dominancia incluyen en su expresión a la varianza aditiva y a la desviación de esta causada por la dominancia. La epistaxis y otras interacciones no alélicas también contribuyen a las desviaciones de índole aditivo de la varianza genética; siempre que se desee fraccionar está el componente aditivo será empleado de tal forma que no se puedan obtener estimaciones precisas de la heredabilidad, lo cual se puede hacer mediante la siguiente fórmula:

Coeficiente de heredabilidad = Va (aditiva) / Vp (fenotípica)

La estimación de este coeficiente de heredabilidad fue formulada originalmente por J. L. Lush a partir de la estadística que relacionaba la producción de leche de un individuo determinado con la producción de sus descendientes, este tipo de relación puede expresarse en términos de covarianza en cuyo caso la covarianza de la descendencia con la de los progenitores es directamente estimada como la mitad de la varianza aditiva de la característica medida y se expresa de la siguiente forma:

$$Cov\ op = Va\ /\ 2$$

Cov op = (o = offspring = descendientes; p = parents = progenitores)

Por lo que la heredabilidad también puede expresarse en términos de la covarianza mediante la siguiente fórmula:

$$H = 2\ Cov\ op\ /\ Vp$$

De manera similar las covarianzas obtenidas en otros grupos o familias de plantas o animales que están relacionados o emparentados en otra forma que no sea padre- hijo pueden emplearse para calcular tanto la heredabilidad como la varianza aditiva. el método de covarianza, sin embargo, no provee una estimación precisa de Va o de H cuando los valores de la dominancia o de la desviación epistática son elevados. Con esta breve descripción de los métodos estadísticos empleados en genética cuantitativa damos por terminado este capítulo posteriormente señalaremos los casos en que pueden ser utilizados para evaluar poblaciones de organismos acuáticos de interés acuacultural sometidos a selección para mejorar el cultivo de estos.

LAS LEYES DE LA HERENCIA.

Hace más de siglo y medio, para ser precisos en1865, Gregorio Mendel después de un detallado planteamiento, realizó una serie de experimentos con el chícharo común, los cuales la dieron valiosos resultados mismos que fueron brillantemente analizados lo que le permitió emitir y publicar los principios de la herencia los cuales hoy ce conocen en su honor como Leyes de Mendel. Estos principios permanecieron ignorados por más de 30 años y así a principios del siglo XX fueron redescubiertos simultáneamente por tres investigadores Hugo de Vries, Carl Corrents y Erich von Tzchrrmak.

Se le dio a su primer descubridor el mérito respectivo y a partir de ese momento se inicia propiamente el desarrollo de la Genética como una disciplina científica-

Los principios Mendelianos pueden se resumidos en:

a).- Ley de la Dominancia

b).- Ley de la Segregación Independiente

la primera indica que siempre que haya dos manifestaciones diferentes para una misma característica es decir dominante y recesiva, y si los portadores de ellas se aparean entre sí al dejar descendencia esta expresará sólo una de ellas, la dominante. Por su parte la ley de la segregación implica que en la segunda generación la característica que se mantuvo oculta en la primera generación se pondrá de manifiesto en una fracción de la población en tanto que el resto presentará la característica en su forma dominante con una mayor frecuencia, entre ambas manifestaciones se guarda una relación constante de tres dominantes por un recesivo, nombre este último que se le dio a la característica que permanece oculta en la primera generación.

Ahora bien estas leyes, las cuales son complementarias entre sí, pueden ser presentadas de la siguiente forma: todo organismo que presente una característica o rasgo representado por un par de genes cuando es apareado con otro que difiere de él en que esta característica se manifiesta en forma contrastante, al aparecer la descendencia de entre ambos, esta sólo presentará una de las formas alternas y a esa manifestación se le denomina dominante; si estos descendientes se aparean entre sí , en su descendencia aparecerán ambas manifestaciones de la característica en estudio y en una proporción de tres individuos con la condición dominante por una de la recesiva.

Así, supongamos el apareamiento entre dos carpas, una homocigota para la pigmentación normal, digamos la hembra, y un macho también homocigoto pero este para el alelo recesivo de pigmentación azul a los cuales simbolizaremos AA al primero y aa segundo; al obtenerse la descendencia, esta será uniforme en cuanto a la coloración y constituida exclusivamente por individuos heterocigotos cuya constitución genotípica simbolizada es Aa y que fenotípicamente serán semejantes entre sí y a su progenitor AA es decir presentarán una coloración dominante

Lo antes dicho es debido a que cada uno de los progenitores produce en sus órganos reproductores un solo tipo de gametos con respecto que se está considerando y los cuales al fusionarse en el momento de la fecundación producirá cigotos que con el tiempo al desarrollarse y constituir nuevos individuos serán portadores de la información transmitida por cada uno de sus progenitores y de los cuales sólo uno de los alelos se manifestará, el dominante, el otro opacará su manifestación por la acción del primero.

Si dejamos madurar estos peces, que constituyen la primera generación filial, y a su debido tiempo les permitimos cruzarse entre sí, y dado que cada individuo es de condición genética heterocigoto y por lo tanto de la información transmitida por ambos padres, sus células gaméticas serán de dos tipos con respecto al rasgo en consideración, es decir portarán unos el alelo A y otros el a y que por lo tanto al ocurrir la fecundación existirán cuatro posibilidades de acoplamiento entre los gametos y por ende cuatro posibles tipos de cigotos con iguales probabilidades de ocurrencia, los cuales podemos designar utilizando la nomenclatura genética como AA, Aa, aA y aa, está constitución genotípica les permitirá pertenecer a cual quiera de los tres posibles genotipos esperado: AA, Aa (el aA es equivalente al Aa) y aa y debido a la dominancia del alelo A serán reconocibles entre la descendencia dos fenotipos Ax (que puede referirse tanto al genotipo AA como al Aa) y aa.

Tanto genotipos como fenotipos se presentarán en este y otros casos similares en proporciones constantes, en las que el 75% de los individuos manifestará la característica dominante A y serán genotípicamente AA o a y un 25% manifestará la característica recesiva en condición homocigota aa.

Todo lo anterior lo podemos representar esquemáticamente, para su mejor comprensión y familiarización, de la siguiente manera:

P   hembras AA   x   machos aa

Gametos   A, A   ;   a, a

F1   hembras Aa   x   machos Aa

Gametos   A, a   ,   A, a

F2   AA, Aa, aA, aa

Es ahora el momento de analizar con mayor detalle tanto los resultados como el proceso en general ocurre.

Nuestra población experimental en su segunda generación está constituida por individuos de tres posibles genotipos

AA homocigoto dominante

Aa, aA heterocigotos

Aa homocigoto recesivo

Los cuales agrupados en categorías fenotípicas constituyen dos grupos:

AA, Aa, y aA   fenotipo dominante

Aa fenotipo recesivo

Al llevar a cabo un conteo de los individuos de nuestra población experimental y agrupándolos según los dos posibles fenotipos se constituirán dos subpoblaciones, una para el fenotipo dominante Ax y otra para el recesivo aa y estarán representadas en una proporción de tres para la primera y uno para la segunda o bien expresados en porciento 75 : 25.

Interrumpamos un momento nuestro análisis de las cruzas Mendelianas para hacer una serie de consideraciones que nos permitan un mejor aprovechamiento de los principios de la Genética y poder así aplicarlos a la Acuacultura y de paso demos una serie de ejemplos en que esta metodología ha sido utilizada. Lo primero que debemos de considerar para que se cumplan los principios del célebre Abad de Brün Gregor Mendel es tomar en cuenta al seleccionar las características que deseamos introducir en una población, que el rasgo escogido, ya sea forma, función, etc., sea, a diferencia de las características mesurables, de tipo discontinuo es decir, que no existan manifestaciones graduales intermedias, en otras palabras que el rasgo seleccionado presente formas o alelos contrastantes como podrían ser de coloración normal, en el caso de las carpas grisáceo contra azul, forma alargada característica contra una voluminosa, tamaño normal del adulto contra enano, presencia de una estructura contra carencia de la misma, etc..

En el caso de los peces y de otros organismos de interés acuacultural podemos citar entre otras características las siguientes: en carpas el tipo y distribución de escamas laterales, la forma de la aleta dorsal que puede ser alargada o no, el color, la ausencia de aleta ventral y la deformación conocida como "cabeza de delfín". En las truchas podemos mencionar el albinismo, así como las pigmentaciones rojas, doradas, y azul metálico. En otras especies existen los genes que determinan una cierta pigmentación característica, la presencia y distribución de escamas, cierto tipo de ceguera, así como la ausencia o presencia de alguna de las aletas.

Con la incorporación de técnicas bioquímicas y moleculares, como la electroforesis, se han podido detectar un mayor número de genes para actividades enzimáticas específicas, que manifiestan su comportamiento siguiendo las Leyes de Mendel, estos rasgos en términos generales se conocen con el nombre genérico de electromorfos y se detectan mediante un patrón de corrimiento, lento o rápido, de una enzima determinada ante la presencia de un campo eléctrico y posteriormente se revelan con reactivos específicos, a este respecto abundaremos más adelante.

Otros grupos biológicos de importancia acuacultural, los moluscos y los crustáceos, también manifiestan en forma clara algunos rasgos fáciles de distinguir y rastrear y factibles de ser empleados como marcadores genéticos, entre algunos que podemos citar tenemos en los caracoles la coloración, así como la presencia de bandas y otras ornamentaciones distintivas, en algunas almejas distintas coloraciones, lo mismo sucede con los crustáceos. Con todo quizá en la actualidad las características más sobresalientes por su seguridad y facilidad de detección son los caracteres electromorfos.

Finalmente debemos señalar que la aparición de características contrastantes a partir de un patrón normal para un mismo rasgo en cualquier especie se debe al fenómeno de la mutación que es la fuente de la variabilidad genética y que nos da como resultado la existencia de los llamados mutantes, algunos de los cuales pueden ser aprovechados en el mejoramiento por sus características y comportamiento genético de especies de valor e importancia comercial.

La aparición de mutantes es un evento probabilísticamente raro pero que una vez detectado, identificado y adaptado a las condiciones del medio ambiente puede fijarse en la población provocando con ello la existencia en algunos individuos de caracteres alelomorfos que en ocasiones constituyen polimorfismos genéticos de gran utilidad tanto en el campo de la investigación genética como en la práctica comercial por las ventajas que representa su empleo en ambas labores de producción agrícola, ganadera o acuacultural.

Analicemos ahora en forma breve algunos casos reportados en la bibliografía que ponen de manifiesto la importancia, ventajas y posibilidades de la aplicación de las Leyes Mendelianas en algunas especies de importancia acuacultural.

El primer caso es el de *Artemia salina,* organismo importante que sirve como base trófica para innumerables especies de importancia acuacultural. Esta ha sido objeto de estudios concienzudos tanto de índole fisiológico como genético, sobre este último aspecto y desde hace varias décadas diversos investigadores se han dedicado a estudiarlo, nos interesan sobre manera lo realizado por S. T. Bowen y colaboradores quienes hicieron los estudios básicos sobre las bases genéticas de este organismo, así como la muy particularmente acerca de las mutaciones que se han detectado en él.

En *Artemia salina* la coloración del ojo es negra, sin embargo, se pudo aislar el mutante "r". el cual confiere en condición homocigota una coloración roja al mismo y se pudo determinar que esta mutación es recesiva y autosómica- posteriormente se encontró la característica "drinkle", simbolizada "c", la cual consiste en la presencia de una mancha pigmentada extra en el apéndice ocular y más tarde se detectó y aisló el mutante ojo blanco "w". Mediante diferentes cruzas experimentales controladas se puso de manifiesto el modo de herencia de estas características y se llegó a la conclusión de que tanto l mutación "r" como la "c" se comportan como recesivos autosómicos, en cambio el carácter "w" aunque se comporta también en forma recesiva su modo de herencia resultó ser ligada al sexo.

Es pertinente, ahora, señalar a que se refiere el término ligado al sexo. Este tipo de herencia ocurre en aquellos rasgos que son portados en el cromosoma sexual y que, si bien se aplican sobre ellos los principios Mendelianos, ocurre que las proporciones se presentan desviadas de la proporción clásica 3 : 1 típica esperada y dependiendo de cuál de los progenitores es el portador de la característica la descendencia y por lo tanto la proporción variará. Debemos considerar que la constitución cariotípica de las hembras es XX AA y la de los machos XY AA, en donde X e Y representan a los cromosomas sexuales y AA el complemento autosómico.

Claramente se nota que, puesto que las hembras poseen dos cromosomas sexuales iguales "X" y el macho sólo uno, el aporte hereditario será diferente en cada caso y de igual manera la manifestación en unas y otros de los factores presentes en los dos tipos de cromosomas sexuales portados por diferentes individuos. Por lo antes expuesto, las hembras para una característica ligada al sexo podrán ser de dos tipos: homocigotas o heterocigotas, en cambio los machos sólo podrán ser, de portar el rasgo en cuestión, hemicigotos.

Ahora bien ¿qué sucede cuando una característica portada por el macho es heredada y qué cuando lo es por la hembra?, y ¿cómo es la descendencia resultante en cada caso?

Supongamos que tenemos un macho con ojos blancos y lo cruzamos con una hembra de ojos de coloración normal, negros. En la primera generación filial todos los descendientes presentarán, como la madre, la coloración normal negra típica de la especie, lo cual coincide con lo esperado según la primera Ley de Mendel; ahora bien, si se aparean entre sí estos individuos al aparecer sus descendientes, es decir la segunda generación filial, esta estará constituida por cuatro genotipos y dos fenotipos, a saber: las hembras serán todas de ojos negros pero debido a su constitución cromosómica la mitad de ellas será genotípicamente homocigotas normales y la otra mitad heterocigotas, por su parte los machos serán también de dos posibles genotipos dependiendo de su único cromosoma sexual "X" porte o no el gene para este rasgo por lo que serán hemicigotos para él o será normales. Lo anterior se puede esquematizar para su mejor análisis de la siguiente manera:

P   hembras WW   x   machos wY

G1   W , w ; Y

F1   hembras Ww (portadoras)   x   machos WY (normales)

G2   W , w ; W, Y

F2   hembras WW, hembras Ww; machos WY; machos wY

Ojo negro   ojo blanco

En donde Y representa el cromosoma sexual característico de los machos y que en la mayoría de los casos se considera libre de genes y W el gene silvestre o normal del rasgo que en este caso es dominante y "w" su alelo recesivo. Aunque en forma general la proporción 3:1 se conserva es notoria la ausencia de hembras con ojos blancos.

Veamos ahora, también en forma esquemática, lo que sucede cuando la hembra progenitora presenta la mutación en condición homocigota, pues del esquema anterior se sabe lo que ocurre cuando la hembra es heterocigota, hembras F1 de la cruza anterior:

P   hembra ww   x   macho WY

G1   w   ;   W, Y

F1   hembras Ww   x   machos wY

G2   W, w   ;   w, Y

F2   hembras Ww; hembras ww ; machos WY ; machos wY

En donde podemos apreciar la presencia de cuatro fenotipos correspondientes a cuatro genotipos, dos para cada sexo, por lo que la mitad de las hembras son homocigotas normales y la otra mitad heterocigotas para la mutación, por su parte los machos serán la mitad normales y el resto hemicigotos para el alelo ojo blanco. Claramente se nota al hacer el censo de esta descendencia que las proporciones de ella son de 1 : 1 : 1 : 1 la cual se aleja de la esperada según la Ley de Mendel. Este caso especial de herencia es importante no sólo en las aplicaciones en la acuacultura sino en cualquier tipo de genética aplicada, debido a los cambios que ocasionan por la presencia o no del cromosoma sexual "Y" privativo de los machos, lo cual altera la manifestación de los genes portados en el cromosoma "X" cuando este actúa unido al "Y", de igual forma se alteran las proporciones Mendelianas.

El investigador Bowen y sus colaboradores resumen el resultado de sus estudios señalando la existencia de siete mutaciones en organismos acuáticos, crustáceos en los cuales determinaron el tipo de herencia llegando a las siguientes conclusiones:

1.- Mutación "curved", Cv, gene dominante ligado al sexo femenino, (cromosoma "X") y que se caracteriza por curvar las antenas de las hembras en forma distinta a como ocurre en los machos.

2.- Mutación "stump", "s", gene recesivo autosómico que se caracteriza por que los individuos afectados presentan el abdomen torcido dorsalmente o en algunos casos por la ausencia de los seis segmentos abdominales.

3.- Mutación "rojo". "r", gene autosómico recesivo que confiere una coloración roja a los ojos en contraste con el color negro característico.

4.- Mutación "cyclops", cy" en este caso los dos ojos laterales de de la etapa larvaria denominad metanauplio se fusionan en la línea central hacia la porción anterior constituyendo un ojo único y grande, su comportamiento corresponde al de un gene autosómico recesivo.

5.- Mutación "crinkle", "c", también es una mutación autosómica recesiva la cual consiste en que los ojos de los individuos adultos, las células retinianas se separan de las omatidias dando como resultado que el ojo toma una forma de apariencia moteada.

6.- Mutación "garnet", "g", gene autosómico recesivo cuya expresión consiste en una decoloración progresiva del ojo conforme avanza la edad del individuo portador de la mutación y finalmente presenta un color pardo obscuro o rojo obscuro, esta mutación también altera la estructura ocular.

7: - Mutación "White", "w", gene recesivo ligado al sexo con expresión parcialmente ligada al sexo, se caracteriza por la ausencia total de pigmentación ocular lo que hace que los ojos se vean blancos.

Otro ejemplo interesante es el realizado también en crustáceos por Hedecook y colaboradores trabajando la con langosta *Homarus americanus,* estos autores emplearon en sus análisis la técnica electroforética mediante la cual detectaron y analizaron varios sistemas enzimáticos y demostraron con ellos los principios Mendelianos, presentamos a continuación un resumen de sus resultados:

Esterasa EST-2.- Esta enzima presenta dos alelos los cuales debido a la bondad de la técnica se pueden detectar simultáneamente, representando así un sistema codominante, así, uno de los alelos, el lento, se denominó 99 y el otro, el rápido, como 100. Estos investigadores partieron para su estudio de hembras capturadas en la naturaleza a las cuales consideraron supuestamente de condición heterocigota, de igual forma fueron considerados los machos lo cual en términos de las Leyes de Mendel los haría pertenecer a una supuesta primera generación filial, todo esto permitiría que en una generación avanzada los investigadores pudieran hacer los análisis respectivos. Es necesario también señalar que debido a las ventajas que ofrece esta técnica, a partir de una misma muestra es posible al utilizar diferentes reveladores químicos específicos para diferentes enzimas se puedan analizar simultáneamente varias enzimas o sistemas enzimáticos, en este caso en particular los investigadores lo hicieron además del sistema para esterasas como fueron las enzimas isocitrato deshidrogenasa, fosfoglucosa isomerasa y fosfoglutasa simbolizados respectivamente IDH, PGI y PGM. Además de ello pudieron diferenciar dentro del sistema PGI la presencia de dos pares de genes a saber: el PGI-3 y el PGI-4. En todos los casos observados y analizados los alelos de cada gene actúan en forma codominante tal y como se señaló para las esterasas diferenciándose en que uno es lento y el otro rápido.

Ahora bien, el estudio consistió en analizar la descendencia de las hembras recién capturadas en la naturaleza y que se encontraban en etapa reproductiva y suponiendo como ya se indicó que todas ellas eran genotípicamente heterocigotas para todas las enzimas estudiadas y que en la naturaleza se aparearon con individuos también heterocigotos, con lo cual se esperaba que la descendencia se comportara en el análisis electroforético como una F2 y que por lo tanto presentarían una proporción Mendeliana de 3 . 1, pero debido a la condición codominante de los rasgos involucrados esta se modificaría y sería de 1 : 2 : 1 es decir por cada individuo lento se encontrarían dos heterocigotos en los cuales se manifiestan debido a la codominanza ambas bandas rápida y lenta y un individuo rápido, esta fue la hipótesis de trabajo la cual fue comprobada después del análisis de los resultados y sus comparaciones estadísticas, sin embargo, en el caso de la isocitrato deshidrogenasa el análisis demostró ser diferente y en este caso el apareamiento debió ser el equivalente a una retrocruza es decir la de un homocigoto con un heterocigoto en cuya descendencia la proporción esperada es de 1:1.

La Tabla I es una versión modificada, para nuestros fines, de lo reportado por los autores y en la cual se indica en la columna del extremo izquierdo el sistema analizado, la siguiente columna presenta el alelo lento en condición de homocigosis, la tercera columna al heterocigoto, la siguiente corresponde a la representación del alelo rápido también en condición de homocigotos y la última columna el valor de X2 para cada comparación. Por otra parte, los renglones corresponden el primero a la enzima y su condición genotípica, el segundo indica el número de individuos muestreados por cada genotipo y el tercero el valor esperado según la hipótesis.

Continuemos con otros casos que ejemplificarán las leyes de la herencia en diversos grupos taxonómicos, pero antes hacemos una aclaración, quizá una de las características más común en los organismos es la de presentar una coloración típica, pues bien, está en la mayoría de los casos está gobernada por la acción de diversos pares de genes portados en diferentes cromosomas y que pueden ser independientes entre sí cuando se tratan de diferentes estructuras corporales, sin embargo, existe entre ellos un común denominador que es la llamada mutación conocida como albinismo, la cual consiste en la ausencia de información para la manifestación de un color y que afecta simultáneamente a todos los genes que codifican para la coloración. Esta mutación en la mayoría de los casos conocidos es debida a un par de genes que en condición homocigota determina la ausencia de pigmento y que actúa independientemente de la coloración que codifica el pigmento que porta el individuo en cuestión. Así al tratarse de un par de genes se manifestará en forma contrastante es decir ausencia de pigmento y coloración y presencia de ambos; ahora bien, esta ausencia se caracteriza por ser recesiva y en la mayoría de los casos autosómica y se conoce con el nombre genérico de albinismo y su herencia sigue rigurosamente las Leyes Mendelianas.

TABLA I.- Distribuciones observadas y esperadas para cinco sistemas enzimáticos en *Homarus americanus*. (modificada de los autores).

				X^2
EST-2	99/99	99/100	100/100	
Ob.	8	19	12	
Es.	9.75	19.5	9.75	0.85
PGI-3	100/100	100/105	105/105	
Ob.	11	23	16	
Es.	12.5	25	12.5	1.32
PGI-4	98/98	98/100	100/100	
Ob.	8	14	8	
Es.	7.5	15	7.5	0.13
PGM-1	100/100	100/103	103/103	
Ob.	15	25	10	
Es.	12.5	25	12.5	1.00
IDH	96/96	96/100	100/100	
Ob.	-----	22	32	
Es.	-----	27	27	1.85

Anteriormente mencionamos el caso de *Artemia salina* en que, si bien no se trata de un albinismo clásico, si se pone de manifiesto la importancia que tiene la coloración, es en este caso, la del ojo, y que puede ser empleada como una característica genética de mucha utilidad como marcador genético y dado el carácter universal de la misma es aplicable no sólo en acuacultura sino en cualquier otro tipo de mejoramiento genético.

Ahora si podemos continuar con nuestros ejemplos, así, James estudio el albinismo en el cangrejo *Cancer pasurus* L., este autor describe en que consiste esta mutación y aunque no aporta evidencias del tipo de herencia en este organismo si menciona referencias en otras especies que han hecho suponer que se trata de un rasgo recesivo autosómico y por supuesto controlado por un par de genes.

Por el alto grado de distribución del albinismo en el reino animal y por no contar con un ejemplo típico en los crustáceos, debido a la composición química del esqueleto, nos conformamos con el análisis de casos similares es decir de aquellos que se refieren al estudio de la coloración en otros grupos taxonómicos. Así, entre los moluscos es bien sabido que el color de la concha es una característica notoria y que presenta una gama de manifestaciones las cuales inclusive tienen en algunos casos valor taxonómico además de conferir a sus poseedores cierta belleza. La presencia de esta variación trae como consecuencia la posibilidad de realizar con ella una serie de estudios comprobando con ellos primero la concordancia de su herencia de acuerdo a lo prescrito por las Leyes de Mendel y posteriormente su aplicabilidad en acuacultura.

Las diferentes manifestaciones del color de la concha en los moluscos pueden ser ejemplificados con los estudios en *Cepea nemoralis* y especies afines ampliamente analizados por Clarke y colaboradores durante varias décadas, en una breve síntesis de los estudios de este grupo de investigadores podemos señalar que de este molusco pulmonado se conocen en cuanto a su coloración tres manifestaciones: amarilla, rosa y parda. Experimentos meticulosos tanto en el campo como en el laboratorio conducidos bajo un control perfecto de los apareamientos realizados han permitido determinar que estas tres coloraciones constituyen una serie alélica múltiple considerada así por ser manifestaciones alternas de un mismo gen y porque una de ellas es dominante sobre las otras dos y una de ellas es a su vez recesiva contra las restantes además de que en todos los casos de apareamiento entre ellos se obtiene como resultado en la segunda generación filial una proporción de 3 :1. Lo anterior así como otras posibilidades de estudio en este organismo pueden ser revisados en el trabajo de Murray.

Para continuar con los ejemplos de aplicabilidad o demostración de las Leyes Mendel para algunos rasgos presentes en los moluscos, tenemos los realizados por Innes y Haley con la ostra *Mytilus edulis* en la que determinaron que la presencia de dos colores, e pardo y el negro, es debida a la acción de un par de genes los cuales guardan una relación dominancia - recesividad entre sí, el que actúa como dominante es el pardo y en todas las observaciones hechas se ha obtenido una proporción 3 : 1 y además se ha podido confirmar que la característica mencionada es de tipo monogénico.

Para finalizar, señalaremos que la característica de coloración ha sido estudiada y analizada en una gama de manifestaciones y organismos, Mendel mismo lo utilizó en sus experimentos, quizá dos de los reportes más relevantes a este respecto sean los de Hoogland en la especie *Crepidula convexa* y el de Murray en *Partula taeniata;* estos y otros estudios señalan claramente la existencia de pares de genes de manifestación contrastante en los cuales una de ellas actúa en forma dominante y que en las cruzas experimentales que se han realizado demuestran siempre en la segunda generación filial la segregación Mendeliana típica de 3 : 1.

En peces, los estudios referentes a la acción y herencia de un par de genes gobernados por alelos simples son también abundantes y sólo mencionaremos algunos ejemplos. Por supuesto, entre las características más sencillas de analizar se encuentran aquellas que tienen relación con la coloración de los individuos debido a la presencia de diferentes pigmentos; así, Kincaid señala que en viveros de la trucha arco iris *Salmo gairdneri* es frecuente observar la aparición de variantes de la coloración lo cual es debido a un amplio grado de esta. lo relevante de estos estudios es su relevante empleo en acuacultura, ya que se ha determinado que esta característica presenta una estrecha asociación con la velocidad de desarrollo y con el peso alcanzado a una edad definida de los individuos portadores de una determinada coloración. De manera similar, el color azul en la carpa común es una característica recesiva en que se ha demostrado que los individuos portadores no difieren en viabilidad con respecto a los organismos con coloración normal, por lo tanto, puede emplearse como marcador genético y si este rasgo confiere mayor aceptación en el mercado procurar incrementar su producción por medio del cultivo.

Por otros estudios ahora en la carpa israelí tenemos el caso de la variante "dorada" la cual, aunque ligeramente de menor viabilidades ampliamente empleadas por los acuicultores como un marcador genético en sus experimentos controlados de mejora y selección.

En estos dos casos valdría la pena investigar si existe alguna asociación entre las características con otros parámetros de mayor potencial comercial como podrían ser: ganancia en peso, velocidad de desarrollo, presencia de alguna proteína, etc.

Como se ha visto, en la mayoría de los ejemplos citados, el común denominador de las variantes o mutantes, para hablar con propiedad, es la peculiaridad de que todos ellos son recesivos , esto se debe a que en términos generales los efectos de que una mutación sea dominante debe ser rara pues al parecer y no encontrar un medio ambiente favorable el individuo portador de ese rasgo mutado desaparecería, es decir no tendría oportunidad de competir en la lucha por la existencia y por lo tanto de demostrar su eficiencia aunque claro está existen casos en que ello ocurre , es decir qué aparecen mutaciones dominantes, por otra parte si estas llegan a aparecer es más bien por un efecto tal que al combinarse con el alelo recesivo , en este caso el normal, el organismo portador por ser heterocigoto,

Manifieste una respuesta o fenotipo intermedio, lo cual en términos de proporciones Mendelianas provoca la aparición de una frecuencia fenotípica 1 : 2 : 1 que corresponde con la de los genotipos AA, Aa y aa, como un ejemplo de este tipo tenemos los sistemas enzimáticos de tales especies detectables por electroforesis en los cuales en el heterocigoto se ponen de manifiesto al ser detectables ambos alelos simultáneamente en el gel.

Todo lo anterior pone de manifiesto la importancia que tienen las Leyes de Mendel al ser aplicadas a la acuacultura, pues ello nos permitirá en un tiempo mínimo, equivalente a dos generaciones, el incorporar a la población una característica favorable y será función del propio acuicultor según su experiencia e interés en decidir la importancia comercial de la misma. Lo anterior no implica el que siempre se trate de un rasgo que produce un beneficio económico directo pues en ocasiones el introducirlo en la población en cultivo sólo facilitará el manejo de la(s) especie(s) en producción o explotación.

Resumiendo, una vez que el acuicultor, tiene la posibilidad de detectar y aislar una característica favorable para la especie en cultivo y explotación, ya sea en lo referente a ganancia de peso, velocidad de desarrollo, simplificación de su manejo etc., se verá en la necesidad de fijarla en la población, para lo cual será necesario llevar a cabo cruzas controladas que le permitan en corto tiempo incrementar el número de individuos portadores del rasgo y procurará mediante selecciones sucesivas constituir una población completamente homocigota para el rasgo deseado.. esto por los postulados Mendelianos es más sencillo y rápido llevarse a cabo cuando se trata de genes recesivos ya que cuando se trata de uno dominante siempre se tendrá la situación de que una porción de la población resultante de los cruzamientos y que representa el 50% de la misma por ser heterocigota estará segregando, sin embargo, aunque el proceso de fijación del rasgo dominante es más lento los beneficios, aún en el proceso de aislamiento, son ligeramente aprovechables desde la primera generación filial.

Hasta el momento nos hemos dedicado fundamentalmente a explicar, analizar y familiarizarnos con la primera Ley de Mendel así como de las ventajas que se pueden obtener de su aplicación en la acuacultura, sin embargo, la realidad es muy diferente pues no siempre la oportunidad de analizar o utilizar una sola característica en forma aislada, es decir los organismos no sólo tienen un gen , en otras palabras un individuo de cualquier especie porta un número indefinido de características , las cuales están determinadas genéticamente y por lo tanto pueden ser analizadas como tales. Una situación común es que el acuicultor trabaje simultáneamente con varias características, las cuales le conviene introducir en los cultivos que se maneje en su granja y por otra parte existe la posibilidad de que un mismo rasgo esté gobernado por más de un gen. De lo anterior resalta la posibilidad de analizar dos características en forma independiente o bien de que se trate de un solo rasgo controlado por dos o más genes, ambas posibilidades se presentan y la primera se analiza mendelianamente mientras que la segunda corresponde al terreno de la genética cuantitativa, analicemos ambas situaciones.

Aunque es muy laborioso es factible determinar genéticamente en una población la presencia de un número elevado de genes o características, de igual manera se pueden hacer cruzas en las que intervienen simultáneamente varias características, sin embargo, debido a la presencia conjunta de ellas y por su segregación y distribución al azar, es preferible además de cómodo, realizar cruzas en las cuales intervengan simultáneamente cuando más tres características, sin embargo, lo más común y generalizado es hacerlo con la intervención de sólo dos de ellas. De esta última situación se ha hecho mucho uso en beneficio del hombre y aún se ha obtenido mayor provecho por el hecho por la simple razón de confirmar y determinar el fenómeno en diferentes especies. Como ya se indicó un par de alelos, debido a la ley de la dominancia segrega en la segunda generación filial en una proporción 3 : 1, ahora bien ¿ qué sucede cuando analizamos o si se quiere utilizamos conjuntamente dos pares de genes o alelos? Para poder contestar esta pregunta lo primero que debemos hacer es considerar qué ocurre cuando cada par de genes controla en forma independiente una característica diferente. Indudablemente que cada uno de ellos deberá segregar según la Ley de Mendel correspondiente, sin embargo, por estarse considerando en el mismo análisis dos pares de genes y por lo tanto dos rasgos, existirá una cierta probabilidad de que ambas características se presenten en el mismo individuo y además de suceder esto existe la posibilidad de una manifestación diferente debido a un cierto grado de interacción entre ambas informaciones, veamos qué es lo que sucede. Tomemos un ejemplo hipotético en el que nos interesa saber la forma en que se distribuyen en una población experimental resultante del apareamiento entre individuos poseedores de dos rasgos, ambas características. Supongamos el apareamiento de un pez de apariencia normal y que proviene de una cepa pura y que tiene por lo tanto la coloración y distribución de escamas típicas de la especie, con otro pez de la misma espacie y del sexo contrario pero en lugar de tener la coloración y distribución de escamas típicas de la especie, presenta un color rosa y carece de escamas, al aparecer la descendencia de ellos en la primera generación filial notaremos que no existe nada extraordinario en y que los individuos presentan las características típicas de la especie. Ahora bien, al dejarlos madurar sexualmente y dejarlos que libremente se apareen entre sí, al surgir sus descendientes, es decir al nacer la segunda generación filial, al analizar la población para las características en estudio veremos que esta estará constituida por cuatro categorías de individuos en relación a los rasgos que se están considerando:

1.- Individuos normales para las características en estudio, coloración normal y presencia de escamas.

2.- Individuos con coloración normal pero carentes de escamas.

3.- Individuos color rosa y con escamas.

4.- Individuos color rosa y carentes de escamas.

Los cuales estarán presentes en una proporción 9 : 3 : 3 : 1. ¿qué es lo que sucedió?, ¿se está violando la Ley de Mendel?

Lo que en realidad ocurrió es que los genes o mejor dicho los cromosomas portadores de ellos al combinarse al azar para dar origen a nuevos cigotos provocan la aparición de nuevos genotipos y fenotipos, a estos nuevos tipos se les conoce de recombinantes. Por otra parte, y contestando a nuestra segunda pregunta si en vez de violarse la Ley de Mendel la refuerza, pues las proporciones mendelianas se mantienen en forma independiente y además se confirma la independencia de cada característica. Así la proporción 9 : 3 : 3 : 1 no es más que una derivación de la 3 : 1, debido a la presencia de dos pares de genes en vez de uno, esto para su mejor comprensión tiene que manipularse algebraicamente lo que corresponde a la expansión de una suma de binomios al cuadrado. Así, sí nosotros simbolizamos el alelo para coloración normal como A y al de color rosa como a y por otra parte al que informa la presencia de escamas por B y al correspondiente a su ausencia por b, podremos esquematizar lo antes expuesto de la siguiente manera:

P   hembras   AA BB   x   machos   aa bb

G1   AB ; ab

F1   hembras Aa Bb   x   machos Aa Bb

G2   AB ; Ab ; aB ; ab

Ahora bien debido a que las combinaciones de estos cuatro tipos de gametos son un número grande, 16, para exponerlo en forma continua, haremos una representación del sistema llamado de tablero, y en el que hacemos notar que las casillas de la primera columna y las del primer renglón representan los gametos que intervienen en las cruzas, lo que se pone de manifiesto por la existencia de una letra para cada par, las intersecciones de las proyecciones de estos gametos constituyen los cigotos de nueva creación y así tenemos el siguiente tablero:

gametos	A B	A b	a B	a b
A B	AA BB	AA Bb	Aa BB	Aa Bb
A b	AA Bb	AA bb	Aa Bb	Aa bb
a B	Aa BB	Aa Bb	aa BB	Aa Bb
a b	Aa Bb	Aa bb	aa Bb	Aa bb

De estas combinaciones resultan ocho genotipos: AA BB, AA Bb, Aa BB, Aa Bb Aa bb, aa BB, aa Bb, aa bb los cuales se reducen por la ley de la dominancia a cuatro fenotipos en la proporción 9 : 3 : 3 : 1 es decir:

9 A- B- coloración normal con escamas

3 A- bb coloración normal sin escamas

3 aa B- coloración rosa con escamas

1 aa bb coloración rosa y sin escamas.

Ejemplos como el anterior han sido ampliamente citados en la bibliografía y en casos similares se pone de manifiesto la importancia la importancia que puede tener en acuacultura, pues no sólo se tiene la posibilidad de fijar en forma definitiva y en sólo dos generaciones las dos características originales, sino que también la de obtener nuevas combinaciones también en forma definitiva las cuales indudablemente reportarán beneficios al acuicultor por darle entre otras ventajas una mayor variabilidad en sus productos cuando menos como en nuestro ejemplo en cuanto a presentación se refiere, además de ciertas ventajas posibles de aprovechar ya sea en rendimiento o en el manejo de su población.

Ahora bien,¿ qué es lo que sucede cuando dos pares de genes actúan simultáneamente sobre la misma característica ?, por supuesto no se pueden violar las Leyes de Mendel pero como en los casos anteriores se presentan desviaciones o modificaciones de las mismas, así, en este caso como al igual que cuando los dos pares de genes son portado por el mismo cromosoma, lo que ocurre es que por una parte las nuevas combinaciones se manifiestan una interacción de ellas y la proporción resultante es de 1 : 1 :1 :1 en vez de la típica 9 : 3 : 3 : 1 que ocurre cuando se analizan simultáneamente dos pares de genes presentes en cromosomas diferentes..

El siguiente ejemplo es el de un caso real reportado en la literatura que ocurre en la carpa común en la cual su patrón de distribución de escamas es continuo y se determinó que es dominante en comparación con el mutante denominado "espejo", "mirror", mutación que confiere a sus portadores en condición homocigota la falta total de escamas. El otro par de genes está representado por el que determina hasta que grado se debe manifestar la ausencia y distribución de escamas, así, al ocurrir el apareamiento entre un individuo con las características normal y con espejo, la segunda generación estará formada por los siguientes fenotipos:

-- SS nn o Ss nn, distribución normal de escamas

-- ss nn, distribución dispersa de tipo espejo

-- SS Nn o Ss Nn distribución normal en espejo

-- ss Nn, desnudos

y se encuentran en una proporción de 1 : 1 : 1 : 1.

El lector podrá ejercitarse a este respecto reconstruyendo el sistema de tablero tanto en este caso como en otros ejemplos posibles. Este tipo de situaciones son frecuentes y tanto la genética del fenómeno como el mecanismo de acción del mismo han sido ampliamente esclarecidos. Acuaculturalmente la aplicabilidad del conocimiento de este fenómeno es muy recomendable, pero debe primero procurarse analizar sí en realidad se trata de dos genes que actúan sobre la misma característica o bien dos pares de genes de acción independiente lo que determinará el tipo de proporción esperado, una vez conocidos estos aspectos sus aplicaciones serán múltiples. Para terminar, debemos señalar que este tipo de interacción se conoce en genética bajo el nombre de pleiotropía y que se define como aquel en el que un gen impide la expresión de otro debido a su actividad fisiológica.

HERENCIA CUANTITATIVA

Como se mencionó en párrafos anteriores hay ocasiones en que la manifestación de una característica es debida a la acción simultánea de varios pares de genes, es lógico entonces el suponer que el resultado de ello será la sumatoria de los efectos individuales de cada uno de pares de genes y por lo tanto capaz de ser cuantificado, es por ello que este tipo particular de herencia se ha denominado poligénica o cuantitativa, y es una gran herramienta en la mejora genética de espacies útiles al hombre. A manera de definición diremos que la herencia cuantitativa es la rama del conocimiento que estudia la forma de heredar aquellas diferencias, entre los individuos de una especie o población, que son más de grado que de clase, es decir son más de orden cuantitativo y por lo tanto medibles, que de ser de orden cualitativo. Se sabe que en todos los grupos de organismos se presentan un número elevado de atributos que se manifiestan en forma de gradación continua o discreta, mismos que pueden ser evaluados por medio de medidas, ya sea en una escala dimensional por ejemplo la talla, el peso, la cantidad de pigmento presente, la resistencia relativa a enfermedades, etc., o bien por medio de cualidades innumerables como lo pueden ser el número de vertebras, de cerdas, número de huevos en la temporada de postura, la cantidad de progenie producida por hembra, etc. Es de señalar que este tipo variación es el comúnmente observado debido a la facilidad de distinguirla, sin embargo, las diferentes clases que constituyen esta distribución no son fácilmente discernibles entre sí debido a que los límites de su intervalo de distribución, y por lo tanto, los individuos con dimensiones o números alrededor del centro de distribución son los más frecuentemente observados y por lo tanto seleccionados. El éxito de Mendel al observar fundamentalmente segregaciones y agrupaciones fijas, dependió básicamente de la condición de las características que él seleccionó eran discretas o discontinuas para los rasgos estudiados. Mientras que la distribución de los elementos genéticos segregantes en una población sea un continuo es sencillamente imposible analizarlo en la forma usual correspondiente al del efecto producido por un simple locus, plural loci, es decir sitios en que se localiza un gen determinado, y por tanto la manera indicada por las Leyes Mendelianas. Es pues por ello necesario que en estos casos debamos utilizar principalmente herramientas estadísticas para poder demostrar el número de loci que controlan la distribución, su fuerza o presión relativa ante los factores ambientales y la fuerza que tienen sus interrelaciones, sus frecuencias, así como los efectos provocados en la población por los cambios de esas frecuencias. La teoría de los poligenes es aplicable a aquellas poblaciones de apareamiento al azar, es decir pandémicas, y debe ponerse especial atención al analizar las esperanzas segregacionales para los factores genéticos que afectan la variación continua, el número de genes segregantes y la magnitud relativa de su acción genética que afecta al fenotipo en una población que como ya dijimos presenta apareamientos al azar.

Las investigaciones pioneras de Francis Galton su continuador y colaborador Karl Pearson claramente muestran los caracteres de variación continua, tales como peso, estatura, proporciones corporales, son heredables. A partir de estos estudios la aplicación de la matemática-estadística a los problemas de índole biológico representan un principio significativo y aunque esta escuela no fue capaz de resolver el problema fundamental de la transmisión hereditaria, sin embargo, en años posteriores a un sucesor de ellos, Wilhelm Johansen, le correspondió la oportunidad de esclarecer el problema. El postulado de este autor para lograrlo consistió en determinar el cambio ocurrido hacia una meta en particular mediante la selección de una característica ya sea aumentando o disminuyendo la expresión del rasgo en cada generación y observando el resultado de ese incremento al progresar el valor en la dirección de la meta seleccionada, todo lo cual lo llevó a efecto mediante sus experimentos con *Phaseulos vulgaris* y que le permitieron obtener sus llamadas líneas puras para diferentes pesos en la semilla de esta legumbre. Como ya mencionamos, virtualmente en apariencia cada estructura, órgano o función presente en una especie dada, muestra diferencias individuales en su manifestación, muchas de las cuales son de naturaleza cuantitativa. Los individuos constituyen así una serie gradual de continuidad que va de un extremo al otro de la distribución sin constituir clases claramente demarcadas. Las diferencias cuantitativas mientras sean heredables dependerán de genes cuyos efectos sobre el individuo son pequeños en relación a los tipos de variación que surgen por otras causas., además con frecuencia, aunque no siempre, influenciados por diferencias genéticas en muchos loci diferentes. Consecuentemente los genes individuales no pueden ser identificados por su modo de segregación y separarse en clases que constituyen proporciones Mendelianas, sin embargo, es la premisa fundamental de la genética cuantitativa que los genes involucrados en este tipo de herencia estén sujetos a las mismas leyes generales es decir a las de Mendel y que presentan las mismas propiedades a las de aquellos genes que involucran diferencias cualitativas. En la genética cuantitativa las frecuencias de los genes individuales observarse por lo que la unidad de estudio debe de ser extendida a la población. Similarmente debido a la naturaleza de las diferencias, las características necesitan ser medidas y no sólo clasificadas, es así como nos podemos preguntar: ¿a qué se debe que una variación discontinua intrínseca causada por segregación genética sea trasladada a una variación continua de carácter métrico? Existen para ello dos razones: una es la segregación simultánea de muchos genes que están afectando la misma característica y la otra la sobreimposición de la verdadera variación continua proveniente de causas de origen genético.

Para explicar lo anterior se hará en forma esquemática y analizaremos que es lo que sucede cuando segregan los diferentes fenotipos presentes en una cruza en la que intervienen uno, dos y tres pares de genes simultáneamente como se ve en la siguiente figura:

| un par de genes | dos pares de genes | tres pares de genes |

3 : 1   9: 3 : 3 : 1   20: 15: 15: 6: 6: 1. 1

o

1: 6:15: 20:15: 6: 1

donde claramente se puede notar la tendencia a adquirir una forma de distribución que se corresponde con la distribución normal, conforme se va aumentando el número de pares de genes que intervienen en la manifestación del rasgo en estudio, de hecho para seis pares de genes la distribución al segregar adquiere completamente forma de distribución normal, de tal manera que mientras mayor número de genes estén participando, cada uno contribuirá con una porción pequeña en la manifestación del rasgo y como consecuencia al realizarse los conteos, las diferentes clases estarán más juntas y serán más difíciles de distinguir. Similarmente, si las clases son afectadas por la variación ambiental, los extremos de las diferentes clases serán completamente indistinguibles entre sí por sobreimposición.

Las características métricas, (emplearemos el término métrico para referirnos a un rasgo factible de ser medido en cualquier escala convencional por ejemplo: gramo, centímetro, o bien un conteo de índole numérico como el número de vertebras) que pueden estudiarse en cualquier organismo superior son abundantes, puesto que cualquier atributo que varié continuamente entra en esta categoría y es por lo tanto medible y por lo que será considerado para su estudio como un carácter métrico, tales son los casos por ejemplo de las dimensiones y proporciones anatómicas, las funciones fisiológicas , etc.

Las diferentes técnicas para la toma de las medidas respectivas, sin embargo, presentan serias limitaciones prácticas en determinadas características que pueden ser estudiadas ya que generalmente se requiere, en la forma de medirlas, de un elevado número de individuos por lo que se hacen impracticables medidas muy elaboradas o difíciles de tomar. Consecuentemente los caracteres que han sido estudiados son predominantemente dimensiones anatómicas o actividades fisiológicas, medidas estas últimas en términos de cantidad del producto final como lo puede ser la fertilidad o la tasa de crecimiento. Algunas características como lo puede ser el tamaño de la camada o fertilidad no son estrictamente rasgos de variación continua, sin embargo, uno puede a pesar de ello efectuar la toma de las medidas y en esos casos, por ejemplo, número de crías por hembra, referirlos a un carácter sobrepuesto cuya variación sí sea realmente de índole continua, con el inconveniente de que entonces quedan expresados en términos de números totales.

La distribución de frecuencias de la mayoría de los caracteres métricos se aproxima de mayor o menor grado a la curva normal, por lo que en el estudio de este tipo de caracteres es factible el hacer uso de las propiedades de la distribución normal y aplicar la teoría estadística, así como las técnicas más apropiadas para el análisis respectivo.

Existen dos fenómenos genéticos básicos en lo concerniente a las características métricas, el primero es la semejanza de los individuos emparentados entre sí ya que ellos tienden a asemejarse entre ellos y generalmente a mayor grado de relación o parentesco mayor será la semejanza, por lo cual el parecido entre padres y progenie provee la base del mejoramiento genético por selección. Así el uso como progenitores de aquellos individuos con las mejores manifestaciones de una característica produce una mejora en el valor medio de la característica en los individuos representantes de la siguiente generación. El grado de semejanza entre individuos emparentados es pues una de las propiedades de una población que puede ser claramente observable y es uno de los objetivos de la genética cuantitativa el demostrar que el grado de semejanza entre individuos con diferentes grados de parentesco pueda ser empleado para predecir el resultado del apareamiento selectivo y señalar el mejor método para llevar a cabo la selección.

El segundo fenómeno es la depresión por consanguinidad la cual tiende a reducir el valor medio de los caracteres relacionados con el valor adaptativo (fitness) de los organismos y conduce como consecuencia a una pérdida del vigor y de la fertilidad.

Puesto que la mayoría de los caracteres de valor económico que se explotan tanto en vegetales como en animales son variantes o aspectos del vigor o de la fertilidad resulta que la consanguinidad es contraproducente para la mejora genética y en consecuencia debe de procurarse eliminarla o cuando menos reducirla o evitarla. Cuando el vigor y la fertilidad se han reducido estas pueden ser restauradas mediante cruzamientos o apareamientos entre individuos no emparentados y en ciertas circunstancias esta característica denominada vigor híbrido puede utilizarse ventajosamente como un método de mejoramiento genético.

Como ya se indicó, en un capítulo precedente, las propiedades de una población que pueden ser observables y analizables por procedimientos estadísticos son: la media, la varianza y la covarianza de los caracteres métricos por lo que ya no haremos referencia a ellos y sólo comentaremos que estos constituyen la base en que se apoya el mejoramiento genético por selección para ser analizado y al cual nos referiremos posteriormente.

La magnitud de la variación en peces permaneció inexplorada hasta aproximadamente 1950, en la literatura anterior a esa fecha era frecuente encontrar situaciones como la de que tal carácter observado sea posiblemente heredable, pero, sin embargo, fue evidente que a partir de que la mencionada variación se observa generalmente no se podía determinar si era controlada por factores ambientales o genéticos. Hasta lo que nosotros sabemos la evidencia de irrefutable de la influencia de los factores genéticos en peces son los provenientes de los resultados obtenidos experimentalmente en las hibridaciones realizadas por Gordon en 1931 concernientes a la variación hereditaria de los melanóforos de ciertos peces mexicanos. Otras investigaciones referentes al tipo de herencia en peces fueron los realizados por Svardeson en 1950 y 1952 estudiando la manera en que varía el número de ranuras branquiales en el pez blanco *Coregonus lavaretus*.

De esta manera se suceden las investigaciones referentes al estudio de la genética de peces, estudios que fueron incrementándose primero lentamente iniciándose con estudios tendientes a determinar el grado de herencia en características controladas por un par de genes, es decir aquellas que se ajustan a las leyes de Mendel según fue expuesto en el capítulo anterior; a estos estudios se incorporaron los referentes al estudio de caracteres cualitativos como lo son aquellos acerca de la herencia de las hemoglobinas, grupos sanguíneos y polimorfismos enzimáticos, estos últimos extensamente analizados a partir de la década de 1960 – 1970 gracias al desarrollo de las técnicas electroforéticas, es necesario señalar que los estudios acerca de polimorfismos genéticos pueden realizarse a partir de datos poblacionales y que en ellos el objetivo fundamental ha sido el determinar la estructura poblacional de las especies en la naturaleza. Por su parte los estudios de la variación genética de tipo cuantitativo en peces se hicieron básicamente en relación con el creciente interés para su cultivo en granjas, así como por el llamado "pastoreo", consistente en la liberación de peces nacidos bajo condiciones controladas de selección y apareamiento en recintos confinados y finalmente liberados al medio natural con el fin de incrementar la pesca.

Para el estudio de la herencia y el aprovechamiento de caracteres cuantitativos se debe tener en cuenta que éstos deben ser conducidos en condiciones experimentales de apareamiento controlado que requieren cuando menos dos y de preferencia un mayor número de generaciones y que sean realizadas mediante un estricto control. Es además esencial el análisis biométrico de los de los datos obtenidos a fin de poder estimar la magnitud de las diferentes fuentes de variación para así estar en condiciones de determinar si dicha variación es producto de factores genéticos heredables o bien si se trata de factores ambientales. El principal objetivo de este tipo de experimentos es el estudiar y determinar el grado de control efectuado por los factores debidos a la aditividad genética en la variación detectada, es decir hacer estimaciones de heredabilidad ($h2$), la magnitud de la cual nos indicará si el apareamiento selectivo efectuado será eficiente para la obtención de una ganancia genética en el carácter y en el sentido deseado. Por supuesto también es posible el proponerse a estimar la magnitud de la variación controlada por los factores genéticos no aditivos, los cuales indudablemente señalarán de nuevo cuan útil y benéfico resulta el aplicar los métodos de hibridación entre líneas puras como herramienta para obtener ganancia genética.

Otros tópicos de estudio en la genética cuantitativa son las investigaciones referentes a los efectos causados por la consanguinidad, las correlaciones genético – ambientales, las cruzas Inter poblacionales, cuando se considera el origen geográfico de las mismas y la hibridación entre especies afines con diversos propósitos. Aún con el creciente interés por la acuacultura el estudio de la genética cuantitativa en peces y otros organismos acuáticos está muy a la saga de aquellos realizados en ganadería y agricultura y dentro de los realizados en su mayoría sólo se refieren a los efectuados en la carpa común *Cyprinus carpio;* en esta especie un labor ardua y extensa de selección se ha llevado a cabo por los piscicultores y ello ha proporcionado evidencias indirectas de la existencia de la variabilidad genética en los peces.

Debemos también señalar el reciente interés por parte de los genetistas por conocer la magnitud de la variación genética en las especies acuáticas que como se ha indicado gracias a la técnica de electroforesis ha tomado gran auge. Ambos grupos de investigadores conjugando intereses y esfuerzos harán posible un mayor desarrollo de la genética de todas sus subdivisiones en beneficio del hombre. Es bien sabido que la carpa ha sido cultivada por siglos tanto en el Lejano Oriente como en Europa y es por medio de la selección de los peces de mayor talla, generación tras generación el que en la actualidad sea posible tener a disposición varias cepas con caracteres distintivos producidos por ese método y las cuales parecen ser líneas mejoradas. Con todo ello el trabajo más importante tendiente al mejoramiento de esta especie han sido los esfuerzos de mejoradores israelitas, soviéticos y germano- occidentales entre los que destacan Moav, Kirpichnikov, Solovinskaya y Schaperelaus. Por su parte la piscicultura extensiva se ha practicado prácticamente en salmónidos y a partir de aproximadamente 1920; brevemente señalaremos algunos de los avances logrados en el mejoramiento de peces y la influencia que ello tiene en la acuacultura. Trabajando con la trucha *Salvelinus fontinalis* los investigadores Hayford y Embody (1930) después de diez años de selección obtuvieron un incremento para los siguientes parámetros: velocidad de crecimiento, número de huevos puestos por hembra y resistencia a enfermedades. Posteriormente Lewis (1944) tuvo éxito en producir también mediante selección una cepa de trucha arco iris capaz de desovar en octubre en vez de hacerlo en la primavera que es la época en que esto ocurre normalmente en esta especie. Por su parte y utilizando la misma especie de trucha Donaldson y Olson (1957) y Donaldson (1968) lograron obtener mediante selección de los individuos más grandes, más fuertes y precoces

Con respecto a la edad de maduración, una línea con las características mencionadas , estos investigadores partieron de varias líneas previamente mejoradas en cuanto a diferentes épocas de desove de tal manera que las nuevas líneas altamente mejoradas están constituidas por individuos que alcanzan un peso de libra y media, aproximadamente 750 gramos en un año, peso que era alcanzado po los constituyentes de las líneas originales en cuatro años; similarmente el tiempo en alcanzar la edad de maduración sexual alterado considerablemente, estos beneficios se obtuvieron después de 25 años de selección.

De igual forma, es decir mediante selección, pero en este caso en el salmón *Oncorhynchus tshawytscha* Donaldson y Menasveta (1961) y Donaldson (1968) fueron capaces de obtener líneas con una tasa de crecimiento más rápida, más fecundas, con una alta tolerancia a la temperatura y una mayor resistencia a las enfermedades. En la Unión Soviética Savostynova (1969) tuvo éxito en sus experimentos de mejoramiento genético en la trucha arco iris en donde la velocidad de crecimiento y la edad de maduración sexual fueron alteradas considerablemente. Por su parte Millenbach (1973) obtuvo en la trucha arco iris un avance en el tiempo promedio que dura el desove logrando que este periodo se prolongara por dos meses esto lo logró después de 14 años de selección.

Aún con lo valioso de estos estudios y del éxito logrado por los investigadores, sus experimentos adolecen, desde el punto de vista científico, de rigor pues ellos no tuvieron la precaución de conservar sus líneas controles a partir de las cuales efectuaron sus selecciones, por lo tanto es difícil saber y corroborar sí los cambios obtenidos son producto de una verdadera mejora genética o bien que hayan surgido por un mejoramiento en las técnicas de manejo y manutención lo cual ahora es difícil de comprobar.

Por su parte los israelitas han llevado a cabo y en gran escala experimentos controlados conduciendo su trabajo en la carpa común y bajo condiciones de acuacultura extensiva. Estos experimentos fueron hechos a partir de cruzamientos consanguíneos de fecundación cruzada, de familias de hermanos completos y además empleando tanto razas rovenientes de Europa como del Lejano Oriente, las personas interesadas ya sea en los detalles de cómo se llevaron a cabo estos experimentos, así como los resultados de los mismos deberán acudir a las fuentes originales: Wohlfarth y colaboradores (1964), Moav y Wohlfarth (1966, 1973), Moav y colaboradores (1975 b). los experimentos aquí referidos revelaron que las líneas consanguíneas aun altamente heterocigotas, puesto que en ellas el componente correspondiente a la varianza genética fue estimado entre un 30 y un 49 por ciento del total de la variación fenotípica y además se encontró que este componente es fundamentalmente de origen no aditivo. Posteriormente el mismo Moav (1976) realizó experimentos de selección simultánea, en los dos sentidos, para la misma característica demostrando que la selección masal para la alta velocidad de crecimiento no producía respuesta favorable después de cinco generaciones de selección, mientras que la selección en el sentido contrario, tasa de crecimiento lento, produjo estimaciones de heredabilidad de alrededor del 0.30 por ciento.

Por otra parte, Stegman (1958) y Wohlfarth y colaboradores (1971) investigaron la heredabilidad presente en la relación peso corporal / longitud en la carpa concluyendo que los valores correspondientes a estos rasgos son de alrededor del 40 por ciento, sin embargo, la selección para ellos es dudosa puesto que las correlaciones genéticas para la tasa de crecimiento realizadas para este y otros caracteres conformacionales han dado valores cercanos al cero.

Los investigadores no han descuidado el estudio de otras características, por ejemplo, von Sengbusch (1863) estudio la posibilidad de reducir mediante apareamiento selectivo el número de huesos intermusculares , como resultado de estos experimentos se obtuvieron una serie de contradicciones pues este autor encontró una amplia variación fenotípica mientras que Kossman (1973) encontró un valor significativo del componente genético y por su parte Lieder (1961) reporta una pequeña varianza fenotípica mientras que Moav y colaboradores (1975 a)encuentran también un valor pequeño para la variación fenotípica y prácticamente una variación genética nula.

A partir de 1968 se han llevado a cabo en salmónidos numerosa investigaciones que involucran el estudio de la heredabilidad, mucho de los experimentos versan sobre características relacionadas con el crecimiento pero también han sido contempladas otras como la mortalidad, el número y volumen de los huevos, metamorfosis, tolerancia a enfermedades y a cambios de pH, así, Calapria (1969) reporta una heredabilidad (h2) de 0.25 para la talla corporal en tres especies de salmón del Pacífico; Aulstad y colaboradores (1972) investigaron la variación en el crecimiento cuando este es medido por estimaciones del peso y talla corporal, al comparar diferentes poblaciones de la trucha arco iris cuya edad era de tres años. Cuando las estimaciones se basaron en grupos de familias de hermanos completos los valores de la correlación interclases van de 0.09 a 0.17 y cuando las familias analizadas son de medios hermanos los valores de la heredabilidad encontrados fluctuaron entre 0.17 y 0.32 para el peso a los 150 días de edad y entre 0.03 y 0.07 para el mismo carácter, pero a una edad de 280 días, por su parte el factor genético de índole no aditivo demostró ser de poca importancia para esta característica

Otras características estudiadas son: la sobrevivencia huevo-alevino, la resistencia a enfermedades por Vibrio, el volumen de los huevos, el número de huevos por 100 gramos de peso corporal a una edad determinada, el tamaño de los huevos y la cantidad de estos por puesta; en todos estos rasgos los valores de heredabilidad y la importancia de los diferentes componentes de la varianza, como lo es el componente aditivo han sido analizados, valorados y reportados en la bibliografía.

En otros grupos taxonómicos de importancia acuacultural también se han hecho esfuerzos para obtener líneas mejoradas genéticamente sobre todo para aquellas características que representan un beneficio comercial de tipo económico; dentro de estos grupos resaltan los estudios realizados en moluscos y crustáceos por el alto interés que los acuicultores y consumidores tienen por estas especies, que además de la buena aceptación que tienen por el público en general representa un elevado beneficio económico.

Comparando los resultados valiosos y exitosos obtenidos por medio del mejoramiento genético llevado a cabo en organismos terrestres y los logros alcanzados en carpas, truchas y salmones, poco se ha hecho a este respecto en crustáceos y moluscos en los cuales se ha tenido que depender más del desarrollo de técnicas de manejo que favorezcan el cultivo larvario de estos organismos y llevados a cabo bajo condiciones de mantenimiento controlado que permitan así el iniciar programas de mejoramiento genético. Sin embargo, en la actualidad ya se cuenta con algunos avances de interés en cuanto al mejoramiento genético se refiere y los resultados han sido si no espectaculares si muy alentadores, revisemos algunos casos.

Dentro de los moluscos, las especies estudiadas son fundamentalmente los ostiones de los géneros *Crassostrea* y *Ostrea* y dentro de las almejas *Mercenaria Mytilus* en cuanto a crustáceos tenemos básicamente a *Macrobrachium rosengergi* y ocasionalmente algún camarón del género *Penaeu*. así, Menzel (1971) plantea los lineamientos a seguir en programas de mejoramiento genético en ostiones, haciendo resaltar la importancia de seleccionar en estos organismos algunas o todas las características siguientes: tasa de crecimiento, resistencia a enfermedades, resistencia o tolerancia a presiones ambientales y posteriormente el mismo autor, Menzel

(1972), recalca la importancia de realizar estas selecciones e incluso otros factores como lo son: incremento en la capacidad reproductora asociada a un mejor crecimiento y señala la necesidad de utilizar el vigor híbrido y las mutaciones inducidas.

Con respecto a *Macrobachium rosenbergii,*, Hanson y Goodwin (1981) señalaron la importancia en determinar la variación interespecífica dentro del intervalo de distribución geográfica tanto de la especie como dentro del grupo taxonómico, así como iniciar y conducir programas de mejoramiento genético mediante selección , para así obtener líneas de alto registro y simultáneamente procurar conservar las líneas controles originales, de tal manera que se procuraría obtener mediante esta metodología una ganancia genética para las siguientes características: longitud orbital, longitud, peso y altura corporales, velocidad de crecimiento y temporalidad de la metamorfosis. Posteriormente Malecha (1984) reporta sus resultados para la selección genética de la ganancia para el peso en esta especie.

Por todo lo anterior, es nuestra opinión que el mejoramiento genético para características poligénicas debe no sólo ser tomado en cuenta sino ser implantado en todos los programas acuaculturales tanto de índole privado como aquellos auspiciados por instituciones gubernamentales y deberá procurarse en todos ellos el realizar selecciones para aquellas características de importancia comercial que estén íntimamente relacionadas con factores genéticos de valor adaptativo entre los que podemos señalar los siguientes: velocidad de crecimiento, ganancia de peso y talla corporales, resistencia a enfermedades, tolerancia a presiones ambientales, alta viabilidad entre estados larvarios y el adulto así como baja mortalidad en el adulto, mayor fertilidad y en términos generales cualesquier otra característica que el acuicultor según su experiencia, interés y condiciones de trabajo considere pertinentes.

CITOGENETICA

Podemos definir esta disciplina como el estudio de la herencia a través de los cromosomas y de los mecanismos citológicos de la herencia, recuérdese que los cromosomas representan la base física de la herencia y que a su vez son los portadores de los genes. Íntimamente ligada a la citogenética existe otra disciplina: la citotaxonomía, la cual se dedica al estudio de las relaciones fenéticas y/o filogenéticas entre las especies y se basa para ello en las comparaciones del número y morfología de los cromosomas de las diferentes especies involucrada. Se estima que en la actualidad existen entre 20000 y 30000especies vivientes de peces, unas 80000 de moluscos y alrededor de 40000 de crustáceos, por supuesto otros grupos de organismos acuáticos marinos también son abundantes, pero no consideramos pertinente referirnos a ellos debido a la poca importancia, al menos en la actualidad, de ellos en la acuacultura. Ahora bien, pese al considerable número de especies acuáticas existentes, los estudios citogenéticos llevados a cabo en ellos se reducen en los peces aproximadamente a 650-700especies, lo que representa escasamente un 3-

4 por ciento y en los otros grupos el número es todavía menor.

Las aplicaciones de la citogenética en la acuacultura son múltiples, entre ellas podemos señalar a problemas de sexualidad, determinación del sexo, determinación del número cromosómico fundamental, así como estudios cariológicos de diversa índole, el empleo de los mecanismos de poliploidía como una herramienta de mejoramiento genético, así como las determinaciones de afinidades filogenéticas entre las diferentes especies y grupos taxonómicos.

El factor limitante para el empleo de la citogenética en la acuacultura es más de índole técnico, pues requiere de la obtención de preparaciones citológicas en las cuales los cromosomas se manifiesten por un parte bien definido, lo que involucra tinción uniforme y por otra que el complemento cariotípico se presente bien extendido en el campo visual, además por supuesto, que la técnica sea consistente en sus resultados. Los intentos iniciales en cuanto se refieren a la determinación y análisis cromosómico en peces presentaron serias dificultades, pero gracias a las técnicas modernas de cultivo de tejidos los avances en esta área se han dejado ver. el procedimiento de emplear tejidos blandos provenientes de individuos vivos o bien el utilizar embriones fue por mucho tiempo la técnica más ampliamente usada en la citología de peces por presentar una serie de ventajas entre las que destacaban su rapidez y economía. Dentro de los tejidos más comúnmente utilizados mediante esas técnicas destacan los estudios hechos con el hígado y el riñón, siendo este último probablemente el que producía mejores resultados ya que el sistema renal en los peces contiene los órganos hematopoyéticos los cuales por su alta calidad celular, una constante actividad mitótica, está continuamente produciendo numerosas células sanguíneas. La utilización de los tejidos sexuales, ovarios y testículos, ha sido también aprovechada y esta posibilidad presenta la ventaja de que los resultados obtenidos nos dan la información del estado diploide, además en términos generales, se aprovechan las ventajas de la meiosis, lo cual permite una mejor comprensión de los fenómenos inherentes tanto a la reproducción como a la genética. En la actualidad la obtención de preparaciones cromosómicas se ha simplificado mediante el empleo de las técnicas de cultivo de tejidos, las cuales pueden ser, en cuanto a tiempo de incubación requerido para el desarrollo del mismo, de período corto o largo, algunas referencias a este respecto pueden consultarse en los trabajos de Grammeltvelt (1974, 1875), Uribe y colaboradores (1983) y Castorena y colaboradores (1983), realizados respectivamente en salmónidos, peces nativos de México y tilapias. Aunque existe una amplia bibliografía a este respecto y por lo tanto un sinnúmero de procedimientos, nosotros preferimos el describir la técnica y metodología empleada en nuestras experiencias, la cual se basa en una serie de recopilaciones y modificaciones de técnicas específicas y que puede servir de modelo a aquellas personas interesadas en el tema, pues la misma técnica mediante pequeñas modificaciones, podrá alcanzar un nivel óptimo de calidad y dominio propio por la persona que la ponga en práctica. Esta técnica presenta además la peculiaridad de que puede servir indistintamente como técnica patrón para ser empleada en diversidad de grupos de organismos acuáticos y no sólo en peces. Estas variaciones podrán mejorarse mediante ensayos sucesivos y quizá la mayor limitante para su dominio sea la especie con la que se trabaje ya que los factores propios de la biología y fisiología de la especie pueden ser afectados y/o afectar el procedimiento, la técnica en cuestión es la siguiente:

a.- captura y/o adaptación al laboratorio de los especímenes a ser analizados

b.- pretratamiento:

1.- inyectar al organismo con una solución de $CaCl_2$ al 0.1 por ciento, en el caso de los peces se hará intraperitonealmente.

2.- a los moluscos directamente en el pie y a los crustáceos dorsalmente en el espacio formado entre el cefalotórax y el abdomen, la aplicación de esta solución será de acuerdo con los siguientes volúmenes; para peces de cinco a diez centímetros de longitud 0.50 mililitros, de 10-15 centímetros de longitud 0.75 mililitros, de 15-20 centímetros de longitud 1.00 mililitros y así sucesivamente

En el caso de los moluscos y crustáceos se les administrarán 0.5 mililitros por cada cinco gramos o fracción de peso corporal; en todos los casos se les dejará reposar por lo menos tres horas antes de iniciar el tratamiento.

c.- tratamiento:

1.- una vez transcurrido el tiempo indicado se les inyectará intramuscularmente una solución de colchicina, o en su defecto de colcemida, a una concentración del 0.15 por ciento y a un volumen de 1.0 milimetros por cada 50 gramos de peso corporal.

2.- después de dos a tres horas de exposición a la cochicina se sacrifica al animal.

3.- mediante una disección se extraen los órganos más apropiados, que en el caso de los peces son las branquias y el riñón, en el de los moluscos las branquias y la hepatopáncreas y para los crustáceos la hepatopáncreas.

4.-exponer el tejido seleccionado a un choque hipotónico en una solución de KCl a una concentración de 0.075por ciento por un periodo de 30 minutos.

5.- macerar el tejido completamente en la misma solución y centrifugar a 600u 800 rpm por cinco minutos, a fin de suspender las células libres y separarlas de los residuos de tejido, y pasando el sobrenadante a un nuevo recipiente para efectuar el siguiente paso.

6.- fijado en una mezcla de alcohol metílico con ácido acético glacial en una proporción de 3:1 y dejarlo actuar por diez minutos.

7.- repetir la operación anterior por dos ocasiones más.

8.- hacer las laminillas mediante el procedimiento de goteo procurando evaporar el exceso de líquido mediante soplado y leve exposición al fuego de una lámpara de alcohol.

9.- teñir, para lo cual se puede emplear cualquiera de los dos procedimientos siguientes:

a.- Giemsa al 4 por ciento en una solución buffer de fosfato, estas se preparan de la siguiente manera:

solución Giemsa:

giemsa 1.5 mililitros

metanol 1.5 mililitros

ácido acético 0.1 molar 2 mililitros

Na_2HPO_4 0.2 molar, cuatro mililitros

Agua destilada 50 mililitros

b.- aceto orceína al uno por ciento en ácido acético al 45 por ciento, en cualquiera de los dos casos exponer las preparaciones por dos o tres minutos, en el caso de usar giemsa quitar el exceso de colorante con un lavado de agua destilada y en el caso de orceína cubrir directamente con un cubreobjetos.

19.- buscar metafases por observación al microscopio, si se desean laminillas de carácter permanente proceder a las técnicas usuales de montado de las preparaciones temporales, cuando se emplea orceína se obtienen mediante el sellado de la laminilla con barniz de uñas.

Una vez que se domina la técnica y se tiene el número suficiente de laminillas con una cantidad apropiada de buenas metafases, surgen las siguientes preguntas: ¿Cuáles son los pasos siguientes?, ¿qué tipo de análisis es pertinente hacer con ese material?, ambas preguntas están íntimamente relacionadas y podríamos en realidad descartar la primera y dar respuesta a la segunda, lo cual haremos mediante algunos ejercicios. Uno sería el realizar estudios cariológicos de diversa índole y es aquí donde el lector tendrá que decidir según sus intereses y objetivos hacia cuál de ellos dirigir sus esfuerzos, puesto que los estudios cariológicos pueden ser de cualquiera de las siguientes categorías propuestas por White (1978). Cariología Alpha, determinación exclusiva del número cromosómico y las tallas aproximadas de los cromosomas, al respecto de cómo llevar esto a cabo adelante se dará una explicación. Cariología beta, determinación del número de cromosomas y la longitud relativa de los brazos cromosómicos, localización precisa de la posición del centrómero y la presencia del cromosoma sexual en el caso que este exista. La mayoría de los reportes que se tienen son de este tipo. Cariología gamma, técnica de bandeo ya sea por giemsa o fluorescencia con la reestructuración de un mapa en el cual se especificarán las posiciones de las principales bandas C. G y Q. Cariología delta, localización del ADN satélite y organizadores nucleares. Cariología épsilon, basado en el análisis de los rizos y otras peculiaridades cromosómicas es posible el mapeo de los cromosomas plumosos. Cariología zeta, con base en el análisis de los cromosomas politénicos, en los cuales miles de bandas y otras características como la presencia de ensanchamientos y organizadores nucleares, puede ser determinada y hacer un mapeo de estos.

Un breve análisis y descripción de las categorías anteriores es ahora pertinente y lo haremos basándonos en la posibilidad de realizarlo en los organismos de nuestro interés.

Con respecto al número de cromosomas encontrados, estos representan valores muy diversos debido básicamente a la variación que existe en este grupo de organismos y por lo tanto esta variación muy amplia desde un número haploide bajo de n = 8 encontrado en *Noto branchium rachovii* hasta el más alto de n = 84 encontrado en la lamprea *Petromyzon marinus,* valores que en términos de diploidía corresponden respectivamente a 2n = 16 y 2n = 178

El número de cromosomas y la variabilidad en el mismo, nos permite distinguir y separar ciertas agrupaciones taxonómicas mayores dentro de la clasificación de los peces, así, por ejemplo, entre los salmónidos los valores reportados van de n = 11 hasta n = 51 con un valor modal de n = 36 y con un rango de n = 18 a n = 52; para los ciprínidos el valor promedio es de n = 25, han sido observadas otras tendencias en categorías taxonómicas menores.

En general, grupos taxonómicos con números cromosómicos haploides que caen dentro de un intervalo de n = 22 a n = 25, tienen la tendencia a ser poco variables morfológica y fisiológicamente, mientras que grupos con mayor número de cromosomas que el mencionado arriba, tienen la tendencia a ser más variables en cuanto a sus características morfológicas y fisiológicas.

Intraespecíficamente existen cuando menos tres mecanismos citológicos que provocan cambios en el número cromosómico: 1) poliploidía en cuyo caso el número de cromosomas se incrementa en valores múltiples del genoma básico de la especie, pudiendo ser 2, 4, 6 etc., número de veces ; 2) reestructuraciones o rearreglos robertsonianos , los cuales consisten en que mediante la fusión de dos cromosomas acrocéntricos no homólogos se obtiene un cromosoma metacéntrico o bien el caso contrario en el cuál debido a una ruptura en un cromosoma metacéntrico se producen dos cromosomas acrocéntricos ; 3) aneoploidía, en cuyo caso y por medio del fenómeno de la no disyunción , consistente en la falla en separarse de un par de cromosoma durante la mitosis hace que los complementos cromosómicos resultantes sean desiguales , presentando una célula hija un cromosoma de más y la otra uno de menos, lo que dá como resultado la aparición de individuos trisómicos o monosómicos para determinado homólogo del complemento normal característico de la especie.

En cuanto al estudio que ahora nos interesa, número cromosómico, en los otros dos grandes grupos de importancia acuacultural, se ha visto que el número cromosómico varia de 2n = 12 a 2n = 52 para los moluscos con variaciones para el número modal dependiendo de las diferentes clases en que se divide este philum. Para los crustáceos y debido por un lado a la presencia de varias categorías taxonómicas dentro del grupo y por otro a sus hábitos y condiciones de vida muy diferentes, la variación numérica de los cromosomas es demasiado amplia y así se ha podido observar que fluctúa desde un par de cromosomas lo que es equivalente a un valor de 2n = 2 en el género *Apus* hasta números tan elevados como 2n = 200 encontrados en el género *Cambarus* y de 2n = 208 en Paralithodes camtschatica.

Para aquellas personas interesadas en mayor información a este respecto les recomendamos revisar el trabajo de Makino (1951) y aunque desde la fecha de la publicación de esta obra se han incrementado las especies de las que ahora conocemos su número cromosómico, sigue siendo hasta donde sabemos lo más completo en su género.

El otro parámetro citológico de interés es el tamaño de del genoma, al cual podemos definir como la cantidad de ADN presente en cada núcleo, este también como es de suponerse muestra una amplia gama de variación. Así el contenido haploide de ADN en los peces en que se ha medido este parámetro vario de 0,4 pg, (pg = picogramos; un picogramo es igual 10-12), por núcleo en peces tetradentiformas y hasta 124 pg por núcleo en peces pulmonados, por supuesto también se han reportados valores superiores a los antes mencionados en la bibliografía, pero se trata de casos excepcionales más que la regla.

La utilidad que tiene el determinar el valor de este parámetro radica principalmente en el interés sobre las implicaciones de índole evolutivo, ya que generalmente una homogeneidad en la cantidad de ADN representa la existencia de afinidades filogenéticas dentro de familias y categorías taxonómicas menores, existe la tendencia a que la magnitud del genoma sea relativamente estable pese a los cambios presentes en la morfología y/o fisiología de los organismos involucrados. Por otra parte, las dimensiones en la cantidad de ADN, con frecuencia están asociadas a un aumento en la especialización en lo que respecta a forma y tamaño corporal, así, especies con mayor especialización presentan menor cantidad de ADN por célula que aquellas más generalizadas, esta relación es válida para todos los peces como grupo y también se conserva dentro de algunos taxa. Desde este punto de vista los incrementos en la magnitud del genoma, particularmente cuando provienen de efectos de poliploidización provocan cambios adaptativos, posterior a esos cambios la pérdida o ganancia de ADN va íntimamente ligada con procesos de especialización, lo que hace ver su importancia.

Los mecanismos cromosómicos que pueden provocar un incremento en la talla genómica incluyen a la poliploidía, el entrecruzamiento (cross-over) y a disturbios regionales en la duplicación del ADN; por otra parte, aquellos que producen una disminución en el tamaño del genoma incluyen también un entrecruzamiento desigual, disturbios en la duplicación del ADN y sobre todo una reparación diferente del daño causado por rupturas cromosómicas. En términos generales se ha propuesto que los cambios en la magnitud del genoma son pequeños, numerosos y acumulativos y que en su mayoría provienen de duplicaciones sucesivas y/o deficiencias ocurridas en algún cromosoma, por su parte los cambios grandes como los ocasionados por la poliploidía son excepcionales y no merecen ser considerados en este contexto.

La morfología cromosómica es otra de las características o parámetros importantes que se estudian por medio de la citogenética y es fundamental para la obtención de un cariotipo. En cuanto a la morfología de los cromosomas podemos indicar que, dentro de las especies diploides, cada par de cromosomas homólogos se supone que difiere substancialmente, en cuanto a su información genética se refiere, con respecto de cualquier otro par de cromosomas presentes portados por la misma célula. Las diferentes manifestaciones ocasionadas por estas diferencias representan el fenotipo morfológico a nivel celular del organismo y le conoce como cariotipo, el cual incluye diferencias entre los distintos pares de cromosomas que pueden ser para cada uno con respecto al tamaño relativo, forma y localización del centrómero. Las diferencias cariotípicas entre las distintas especies o taxa pueden utilizarse para determinar similitudes fenéticas y relaciones filogenéticas.

En términos generales las dimensiones de los cromosomas de los peces son menores que las de los cromosomas de la mayoría de los vertebrados, así la longitud promedio de éstos en los peces fluctúan entre dos y cinco micras. Muchas especies poseen un número elevado de cromosomas pequeños de dimensiones aún menores a dos micras pero que sin embargo son observables al microscopio, los cromosomas grandes, digamos de una longitud de entre 15 y 30 micras como los presentes en algunos peces pulmonados son casos excepcionales.

Las complicaciones resultantes de una talla tan pequeña del cromosoma traen como consecuencia dificultad en la determinación precisa de la localización del centrómero y por ende para su clasificación en las diferentes categorías como son: acrocéntricos, metacéntricos, o telocéntricos, sin embargo, con los avances actuales en las diversas técnicas citológicas modernas ahora disponibles es posible remediar esta situación.

Otra fuente de variación a nivel cromosómico que es necesario tomar en cuenta es la ocurrencia de inversiones y translocaciones las cuales provocan la aparición de secuencias diferentes en la posición de los genes a lo largo del cromosoma, dichos se conocen con el nombre de rearreglos cromosómicos y en la mayoría de los casos constituyen sistemas polimórficos de gran importancia adaptativa. Estos cambios en las frecuencias génicas se han podido detectar con cierta facilidad mediante el empleo de las técnicas de bandeo cromosómico consistentes en la tinción diferencial a lo largo de los cromosomas y que nos permite por ello el establecer secuencias definidas de bandas claras y obscuras en las diferentes regiones del cromosoma y que cuando se alteran por una ruptura y giro subsecuente de la porción libre del centrómero por una rotación de 1800, seguido de una fusión entre los dos segmentos o bien la unión de porciones de pares cromosómicos no homólogos, se traduce en la presencia de nuevos arreglos cromosómicos o secuencias diferentes. Como ya se dijo los arreglos cromosómicos representan sistemas polimórficos que son de mucho interés en genética y representan además sistemas de utilidad práctica siempre y cuando sean bien conocidos, de la necesidad de estudiar estos sistemas, la importancia de estos radica en que las diferentes secuencias en la mayoría de los casos conocidos confieren a sus portadores ciertas ventajas adaptativas sobre todo ante cambios ambientales, estos arreglos por ser de carácter hereditario pueden cuando se presentan ser utilizados y aprovechados acuaculturálmente.

Finalmente, la existencia de pares de cromosomas diferentes está íntimamente relacionado con la determinación del sexo, pues un complemento cromosómico en la mayoría de los animales de reproducción sexual está constituido por un buen número de pares de cromosomas homólogos llamados autosomas y un par de cromosomas no homólogos o cromosomas sexuales, los cuales determinan el sexo del individuo.

La gran mayoría de las especies se reproducen sexualmente, es decir entre otras cosas presentan los sexos separados, siendo la mitad de los individuos que constituyen la especie de un sexo y la otra mitad el otro y en la naturaleza esto ocurre normalmente en una proporción aproximada de 1 : 1.

Sin embargo, algunos grupos de organismos que pueden ser explotados en la acuacultura como lo son algunos peces y moluscos, presentan una gama de expresión de la sexualidad más amplia ya que no sólo existe la posibilidad de ser hembra o macho es decir unisexuales pues también pueden ser hermafroditas y bisexuales. Analicemos brevemente estas posibilidades y hagamos algunas observaciones con respecto a la influencia e importancia que los cromosomas tienen sobre este aspecto, es decir el que sean determinantes en la manifestación del sexo de un individuo y por ende analizar las ventajas y posibilidades de su aplicación de este conocimiento en el ámbito de la acuacultura.

El ser hermafrodita es la coexistencia normal y funcional en un mismo individuo de las dos condiciones sexuales: feminidad y masculinidad. Existen dos tipos de hermafroditismo, el sincrónico o balanceado en el cual el individuo posee los tejidos gonádicos masculino y femenino consistentes anatómica e histológicamente en un ovotestis dividido en dos regiones, una ovárica y otra testicular las cuales, en los individuos adultos ya maduros sexualmente, funcionan simultáneamente, en teoría estos individuos son capaces de auto fecundarse. en este caso de hermafroditismo los individuos producen durante toda su vida ambos tipos de células sexuales o gametos, óvulos y espermatozoides en forma simultánea.

El otro tipo de hermafroditismo es el asincrónico o consecutivo en el cual el individuo con esta condición presenta ambos tejidos gonadales, pero con la modalidad de que en las etapas juveniles sólo es funcional uno de los sexos y en la edad adulta se presenta una reversión de tal manera que se convierte funcionalmente en el otro sexo. A este respecto existen también dos modalidades, la protandria en cuyo caso el organismo funciona primero como individuo del sexo masculino y posteriormente como hembra y el caso contrario, cuando es funcionalmente femenino en la etapa juvenil y masculino en la edad avanzada, y que se conoce como protogenia, en ambos casos en las etapas juveniles previas a la maduración sexual los organismos presentan los tejidos gonádicos.

Ocasionalmente algunos grupos taxonómicos, como por ejemplo las ostras, presentan modificación del tipo de hermafroditismo asincrónico y es el conocido como alternativo, el cual consiste en que durante una estación o temporada de apareamiento el organismo funciona como macho y en la siguiente lo hace como hembra, prolongándose esta alternancia durante toda la vida del individuo.

La unisexualidad es la condición en la cual la especie está representada por un solo sexo, el femenino, el cual a su vez produce descendencia del mismo sexo, esto se logra gracias al uso de esperma ajeno proveniente de especies afines, este esperma sólo tiene la función de estimular mecánicamente la división nuclear del óvulo y durante este proceso el pronúcleo masculino de la especie extraña o donadora degenera una vez que ha cumplido su misión activadora y por lo tanto no contribuye genéticamente al desarrollo e información del nuevo embrión. En los peces esta condición se presenta con relativa frecuencia y ha sido ampliamente estudiado el fenómeno en los poecílidos y muy especialmente en *Ppoecilia formosa* especie que habita aguas continentales del Noreste de México, así como en especies afines Prehn y Rasch (1969).

Finalmente tenemos la bisexualidad en la que la población está constituida por individuos de los dos sexos que expresan sólo uno de los sexos de tal forma que se distribuyen equitativamente por medio de un mecanismo de determinación sexual controlado genéticamente y que permite mantener una proporción aproximada de 1 : 1 para cada sexo.

Por lo antes expuesto es lógico el suponer que la determinación del sexo es un fenómeno que depende en gran parte de los genes que residen o son portados casi exclusivamente en un solo par de cromosomas, los llamados sexuales o heterocromosomas en los cuales los genes se han reunido por una serie de adaptaciones y selecciones favorables. La presencia de este par de cromosomas provoca la existencia de la condición llamada homogamética correspondiente a los individuos y l sexo portadores de un par de cromosomas sexuales homólogos iguales o bien la condición heterogamética en cuyo caso los individuos y el sexo se caracterizan por estar constituidos por un par desigual de cromosomas sexuales, en ambos casos el conjunto cromosómico se completa con los diferentes pares de cromosomas autosómicos.

Cuando el sexo heterogamético es el masculino se infiere la existencia de un sistema determinante del sexo del tipo XX/XY. Existen dos variantes en el sistema XX/XY y que consisten en que uno en que el cromosoma Existen dos variantes en el sistema XX/XY y que consisten en que uno en que el cromosoma está ausente en el genoma y en tal caso la hembra es XX y el macho X0, la otra variante es cuando el cromosoma Y está representado por varios heterocromosomas pequeños que se comportan y heredan como unidad.

En todos los casos de determinación sexual el resto de los pares de cromosomas constituyen el complemento cariológico o sean los autosomas y pueden en algunas ocasiones participar en la determinación del sexo por existir un desbalance entre autosomas y heterosomas, siempre que no se trate de un caso de poliploidía.

El mecanismo de determinación del sexo y de las proporciones sexuales correspondientes que prevalecen en la naturaleza se puede esquematizar para su mejor entendimiento de la siguiente forma:

    Hembra   AAXX   x macho AAXY

    G   AX ;   AX, AY

    F!   hembras AAXX, machos AAXY

Y de igual manera:

    Hembra   AAXX   macho AAX0

    G   AX,   AX, A0

    F1   hembras AAXX , machos AAX0

En todos estos casos AA representa el complemento autosómico y X, Y, a los cromosomas sexuales o heterosomas y representado por 0 la ausencia de cromosoma sexual.

POLIPOLIDIA. La poliploidía es el fenómeno en el cual se detecta la presencia en un organismo de un número mayor de cromosomas del que corresponden en forma normal a los miembros de la especie. Se conocen dos tipos de ploidías: aneploidía y poliploidía propiamente dicha.

La aneploidía ocurre cuando se detecta la presencia de un cromosoma de más o de menos dentro del complemento normal de la especie, la causa de esa pérdida o ganancia es debida a fallas en el mecanismo meiótico en el cual por la no disyunción una de las células gaméticas hijas adquiere los dos cromosomas homólogos de un determinado par mientras que la otra célula este par no está representado, y así al ocurrir la fecundación de un cigoto tendrá tres cromosomas homólogos en lugar de dos y otro cigoto sólo un cromosoma, estos eventos son raros no sólo en organismos acuáticos , ya que la presencia o ausencia de un cromosoma produce entre sus portadores serias anomalías que afectan el desarrollo y viabilidad del individuo.

Por su parte la pliplodía propiamente dicha consiste en la repetición del complemento cromosómico tres, cuatro o más veces originándose de esta manera individuos triploides, tetraploide, etc., este fenómeno se debe como en la aneuploidía a fallas en el mecanismo meiótico pero que afectan al total del genoma.

En los peces este fenómeno se encuentra representado exclusivamente por los casos de individuos triploides del tipo unisexual que ocurre en los poecílidos, eventualmente se ha encontrado tetraploides en *Carassius auratus*.

En términos generales no se presenta en los organismos de interés acuacultural ya que como señalamos las consecuencias de ello en los individuos portadores confiere un daño que afecta la viabilidad de estos.

GENETICA DE POBLACIONES.

La genética de poblaciones es la disciplina encargada de observar a través del tiempo y del espacio los cambios sufridos por una o más características al ser heredadas en un conjunto de individuos al que se denomina población. Así mismo una población queda definida como un conjunto de individuos que presentan en común una pila o acervo genético y una frecuencia génica para cada uno de los genes representados en ese acervo, bajo esta definición quedan implicadas las variaciones que se pueden originar en la pila genética (diferencias interespecíficas), como las frecuencias génicas particulares (diferencias intraespecíficas).

El estudio de las poblaciones se realiza mediante un número variable de técnicas y metodologías que abarcan desde aquellas de lo más sencillo, como lo es la cuantificación de caracteres presentes, hasta las más complicadas como la electroforesis o la estadística.

Los estudios en genética de poblaciones se rigen fundamentalmente por el principio o ley de Hardy-Weinberg, a partir del cual se han derivado una serie de principios que han permitido analizar a las poblaciones, así como los diferentes fenómenos que en el seno de ellas ocurren.

La ley de Hardy-Weinberg indica que las frecuencias relativas de dos alelos de un gen permanecerán al heredarse sin cambio siempre y cuando las condiciones externas tampoco cambien o bien que sean alteradas por las presiones de selección, mutación, migración y deriva genética y que este principio se cumplirá siempre que la población sea muy grande y en ella los apareamientos entre sus componentes se realicen al azar es decir sea panmíctica, algebraicamente esta ley se expresa como sigue:

$p + q = 1$ y en forma desarrollada: $p2 + 2pq + q2 = 1$, siendo su equivalente expresado en forma alélica de los genotipos como

AA * 2Aa + aa = 1, donde p representa el alelo dominante A y q al alelo recesivo a.

El título dado a la presente sección cubre un área muy extensa en la genética y en términos de lo que aquí nos interesa, es decir en la acuacultura, puede en ocasiones llevarnos a confusiones ya que fundamentalmente en la genética de organismos acuáticos se refiere a la conservación de determinadas frecuencias génicas y en particular a las derivadas de datos obtenidos por estudios de índole electroforético y que consisten en la determinación de la estructura genética de la población a la cual se le ha dedicado un enorme esfuerzo.

La existencia de una variación genética entre organismos que comparten una pila genética común es necesaria dentro de la población antes de que ocurra un cambio evolutivo, de aquí la importancia de medir o cuantificar la variación genética de la especie o especies en estudio para ser empleadas con fines acuaculturales.

El conocimiento de la cantidad de variación genética presente para una característica dada nos permitirá predecir el aumento en el cambio esperado mediante la selección para la característica en observación, así, en ausencia de variación para los loci que controlan la expresión de la característica, y no se podrán conducir con éxito programas de mejoramiento por selección. El incremento en el valor del cambio bajo condiciones de selección es función tanto de la heredabilidad de la característica sometida a selección como de la intensidad de la selección.

Aquellas comparaciones que se refieren a la magnitud de la variación genética entre poblaciones intraespecíficas son más confiables que las comparaciones de índole interespecíficas. Una razón para ello es que las estimaciones que se obtienen no son lo suficientemente precisas cuando en el análisis se incluyen estimaciones para loci adicionales para la especie en forma global. Este principio es válido puesto que cuando un locus alternante es polimórfico en una población, lo es también en la mayoría de las poblaciones de la misma especie, por lo tanto, la inclusión adicional de cualquier otro locus tendrá la tendencia de afectar a todas las poblaciones en forma similar.

Antes de entrar en detalles debemos señalar que la medida de la magnitud de la variabilidad genética en poblaciones de peces y en todo caso para cualquier especie, así como la magnitud de la variabilidad genética estimada por medio de la información obtenida por parámetros electroforéticos es una estimación mínima ya que existe una enorme gama de substituciones de aminoácidos la cual no es completamente detectable por este método debido a que las características fisicoquímicas de las moléculas que al ser expuestas al campo eléctrico responden de forma diferente.

Así, la forma más directa, simple e informativa de medir la variabilidad genética a partir de las frecuencias génicas, es el valor promedio de la proporción de heterocigotos por locus, el cual se calcula directamente por el conteo de la proporción de individuos heterocigotos observable en la población mediante el empleo de valores esperados según las estimaciones dadas por la ley de Hardy-Weinberg y calculando las proporciones de heterocigotos usando las frecuencias génicas observadas. Es necesario también aclarar que cuando se dice que existe polimorfismo nos estamos refiriendo a la presencia de dos o más manifestaciones de una misma característica en proporciones o frecuencias tales que la menor de ellas es superior al valor que podría tener por causa de mutaciones, es decir, que sea más alto que el valor de la frecuencia de mutación.

Cuando nos referimos a un polimorfismo generalmente al que se puede detectar en forma directa para una característica monogénica como la pigmentación, la ausencia o presencia de una estructura o más comúnmente a las características detectables electroforéticamente, sin embargo, se conoce también la existencia del polimorfismo cromosómico el cual se origina primordialmente a partir de secuencias diferentes de los patrones de bandas clara y obscuras detectables citológicamente y que por su comportamiento funciona como super gen y representan la interacción simultánea de varios genes heredados como unidad.

Como ya se indicó, en la actualidad la técnica más empleada para la detección de polimorfismos es la electroforesis, por lo cual es pertinente informar al lector en que consiste esta, señalando asimismo las ventajas de su aplicación e ilustrarla con algunos ejemplos.

El teñido de proteínas específicas en geles de almidón, agar o poliacrilamida como soporte y la separación de ellas por medio del paso de la corriente eléctrica, denominada electroforesis, revela patrones característicos de migración de las diferentes proteínas. hay que señalar que la movilidad de las proteínas en un campo eléctrico está determinada por la configuración molecular y la carga eléctrica de las mismas, las cuales a su vez dependen de la secuencia de aminoácidos que constituyen la proteína; puesto que esta última representa el producto directo de un molde de información genética, el fenotipo electroforético representa muy acertadamente el eje o centro de la información genética de cada individuo integrante de la población. Es bien reconocido que ciertos patrones de migración de una proteína específica pueden ser adjudicables a la variación alélica del locus génico regulador.

La electroforética en genética puede y de hecho revela la variación genética oculta con relativamente poca ambigüedad de interpretación y evita la necesidad de llevar a cabo apareamientos controlados, aunque esta precaución es recomendable, sin embargo, en condiciones de aplicación a organismos de difícil apareamiento en condiciones experimentales de laboratorio o bien en ciclos de vida muy largos, representa su utilización, además de una ventaja, una magnífica herramienta. La técnica permite la detección de un polimorfismo para un solo locus y este puede tener una posible significancia adaptativa además de ser valioso como un gen marcador que puede ser empleado en el estudio de poblaciones, cepas o razas de una misma especie. En contraste con los métodos de la genética convencional, es también posible el obtener simultáneamente el muestreo de una porción significativa del genoma de 20 a 30 loci, lo cual permitirá con facilidad estimar la variabilidad genética y el estudio de las interreacciones existentes entre los diferentes loci.

El trabajo de Shaw y Prasa (1970) así como el de Schaal y Anderson (1974) son ejemplo y recopilación de los datos obtenidos con estas técnicas actualmente en voga y a las cuales remitimos a los interesados, por nuestra parte hemos desarrollado mediante algunas modificaciones nuestra propia versión, misma que a continuación describimos.

El gel que sirve de soporte se prepara a partir de una solución de acrilamida al 7.5 por ciento colocada entre dos placas de vidrio de 22 por 12 centímetros con una separación entre ellos de uno a dos milímetros, hay que procurar que al llenar el espacio no se produzcan burbujas, el gel se prepara con base a dos soluciones:

Solución A:

Acrilamida	15 gramos
Bis-acrilamida	0.4 gramos
Agua destilada	50 mililitros

Esta solución se filtra y se conserva por varios meses a 4 grados C sin perder su efectividad.

Solución B:

Ácido bórico   18.55 gramos

Hidróxido de sodio   2 gramos

Agua destilada   1000 mililitros

Ajustar pH a 8.3

Diluir la solución B al 1:2 en agua destilada y esta será nuestra solución final B.

Preparación del gel:

Mezclar 15 mililitros de solución A con 30 mililitros de solución B, añadir 1.5 mililitros de persulfato de amonio al 15 por ciento y añadir 13.5 mililitros de agua destilada. Desgasificar la solución resultante por un minuto mediante la aplicación de vacío evitando la formación de burbujas, agregar 0.2 mililitros de TEMED (tetra metil endiamina) para provocar la polimeración y vertirla en el marco formado por las placas de vidrio, esta placa de gel puede conservarse a 4 grados C, pero se aconseja utilizarlo después de 24 horas de preparado.

Desarrollo de la electroforesis (corrido):

Dependiendo del tipo de aparato que se emplee las condiciones del corrido se pueden variar, pero nosotros usamos las siguientes en un aparato LKB Multiphor 2117 dotado de un generador de corriente que permite la obtención de 250 volts, 250 miliamperes y 100 wats; se hace un precorrido por 30 minutos a 160 volts y 35 miliamperes. El corrido después de ser aplicadas las muestras es por cinco horas a 300 volts y 95 miliamperes; debido al tiempo prolongado de de corrido se generan altas temperaturas por lo que se recomienda mantener el circuito en refrigeración. La muestra se coloca en ranuras hechas exprofeso en la placa aplicando 10 microlitros por celda.

Revelado, en este caso y para no abundar describiremos el de las esterasas, para otras enzimas acudir a los trabajos ya ciitados de Shaw y Prasad o al de Schaal y Anderson.

Solución de revelado:

Fast garnet	1 mililitro
n-propanol	5 mililitros
solución substrato	2 mililitros
solución reguladora	100 mililitros

El fast garnet se prepara con 50 mg/ml de agua destilada y constituye el colorante específico para esterasas.

Solución reguladora:

Fosfato de sodio monobásico   2.78 gramos

Fosfato de sodio dibásico   1.07 gramos

Agua destilada   120 mililitros

ajustar el pH a 7.3

Solución substrato:

Beta naftil acetato   49mg/2ml de acetona

Alfa naftil acetato   30mg/1.5ml de agua destilada.

1.5 mililitros de acetona.

El revelado del gel se debe hacer a 37 grados C en la obscuridad por cinco minutos al cabo de los cuales se agrega el alfa naftil acetato y se incuba nuevamente bajo las mismas condiciones. Los geles se pueden conservar en refrigeración por tiempo indefinido hasta hacer su análisis.

Una vez hecho el corrido y teñido de las proteínas, el patrón obtenido estará en posibilidad de ser analizado genéticamente, en términos generales este patrón se manifiesta en forma similar al esquema adjunto en el cual las manchas más alejadas del origen representan los alelos de migración más rápidos los más cecanos los de migración más lenta y que en la terminología se conocen por los símbolos F (fast) y S (slow) respectivamente

Una proteína segregando en un sistema de un solo locus con tres alelos y dado que representa un fenotipo se le denomina a este como electromorfo. Las manchas indicadas con flecha representan las movilidades de los individuos homocigotos,a, c, f; además se muestran las tres posibles combinaciones de ellos b de ac, d de cf y e de af, estos heterocigotos se caracterizan por la presencia de una mancha híbrida la que es indicativa de que el producto primario de los genes es probablemente un polipéptido asociado a un dímero. En ocasiones la mancha híbrida no aparece en cuyo caso la presencia de un individuo heterocigoto se manifiesta por la ocurrencia simultánea de las dos bandas correspondientes a las de los respectivos homocigotos, en este caso se considera que el producto primario del gen está asociado a un monómero.

Una vez que se tienen todas las placas de nuestra muestra se procede al análisis para lo cual bastará con cuantificar a partir de la misma cuantos individuos demostraron ser homocigotos para cada uno de los alelos y cuantos son heterocigotos y a partir de esos datos calcular las frecuencias génicas respectivas.

Cuando las placas se revelan simultáneamente o bien se tienen diferentes placas reveladas para diferentes enzimas, será factible determinar con base en las diferentes frecuencias que se obtengan, los valores de heterogeneidad y de heterocigósis media.

Hagamos ahora una breve revisión de los diferentes tipos polimorfismo que pueden ser estudiados, mismos que nos indicarán las posibilidades de empleo en los grupos de interés en la acuacultura, refiriéndonos a unos cuantos casos que consideramos representativos y que sin llegar a ser una revisión exhaustiva ni actualizada de la versatilidad de aportes que se han hecho y pueden hacerse aplicando la genética de poblaciones a organismos acuáticos.

Las múltiples posibilidades de realizar estudios cariológicos se encuentran en los trabajos ya mencionados de Uribe y colaboradores (1983), Castorena y colaboradores (1983) y de Prehn y Rasch (1969) quienes trabajando con peces determinan el número y características principales de los cromosomas para las especies por ellos estudiadas. Estudios similares realizados en crustáceos están representados por el de Lecher (1964) quien en este reporte define el número básico de cromosomas y posteriormente en colaboración, Lecher y Soliman (1975) describen para la especie *Jaera albifrons la* existencia de una distribución clinal. Por su parte Vass y Perch (1084) analizan los cromosomas de un decápodoempleando la cariología beta.

En moluscos, los estudios de Menzel y Menzel (1965) permiten describir los cromosomas de dos especies de almejas: *Mercenaria mercenaris* y *M. campechinensis así como las diferencias entre ambas especies y sus híbridos. Posteriormente Menzel (1968)* describe y cuantifica los cromosomas de 23 especies correspondientes a nueve familias de pelecípodos.

Otros tipos de análisis que rebasan el sólo conteo y descripción cromosómica son los efectuados por Haley (1977) en el cual mediante un análisis citológico describe el mecanismo de determinación sexual en el ostión *Crassostrea virginica,* por su parte Ahuja y colaboradores (1978) describen las aberraciones cromosómicas presentes en el cromosoma sexual de *Xiphophorus,* y la asociación de estas en la formación de tumores y viabilidad de sus portadores.

En cuanto a estudios de polimorfismo cromosómico podemos mencionar el realizado por Vitturi y colaboradores (1984) en *Gobius paganellus* donde el número cromosómico es tomado en consideración determinando la presencia en condición diploide de 45, 46, 47 y 48 cromosomas. Así mismo Orzack y colaboradores (1969) describen el mecanismo polimórfico para cromosomas sexuales en *Xiphophorus maculatus.*

Como se indicó, los estudios de índole bioquímico, mediante la aplicación de técnicas electroforéticas son en la actualidad de lo más abundante y alentador y cubren áreas de gran interés no sólo estrictamente genético como lo son: polimorfismo genético, estructura poblacional, variabilidad genética y genética ecológica y evolutiva. Así dentro de los crustáceos podemos mencionar el estudio de Hedgecock y colaboradores (19/5) en el que determinan el mecanismo hereditario de diferentes aloenzimas en la langosta *Homarus americanus,* por su parte Tracey y colaboradores (1975) amplian estos estudios determinando la variación genética y la estructura poblacional de esta especie. Lester (1979) estudiando tres especies de camarones penaeidos describe la variación aloenzimática presente en 20 loci, de lo cual deduce la diversidad genética promedio, así como la identidad genética. Un estudio morfométrico y de congruencia aloenzimática en *Macroobrachium rosenbergii* realizado por Lindenfalser (1984) permite la diferenciación entre grupos subespecíficos señalando la importancia de este tipo de análisis en estudios zoogeográficos. Nemeth y Tracey (1979) determinan la variabilidad para aloenzimas y la semejanza genética en varias poblaciones de seis especies de crustáceos, analizando entre otros parámetros: heterocigosidad media, índice de similaridad y distancias genéticas por medio del análisis en once enzimas polimórficas. Finalmente, Nelson y Hedgecock (1980) en un extenso estudio que comprende 44 especies de crustáceos decápodos y el análisis de 26 loci, determinan las posibilidades de estudiar un número de parámetros que influyen en la estrategia adaptativa de los organismos.

En lo que a moluscos se refiere Kohn y Witton (1972) presentan información referente a la heterogeneidad ecológica y estrategias evolutivas para un locus enzimático en almejas de los géneros *Mytilus* y *Modiolus*. Wilkins y Mathers (1973) determinan el polimorfismo enzimático para esterasas en cuatro poblaciones del ostión europeo *Ostrea edulis*, de manera similar Burcker y colaboradores (1979a y 1979b) determinan las relaciones inter e intraespecíficas en especies de los géneros *Crassostrea* y *Sacoostrea tomando en consideración para ello varios parámetros como: número de loci, loci polimórficos, loci heterocigotos, variación genética, similaridad y distancias genéticas.* Tracey y *colaboradores (1975) determinan en Mytilus un exceso* de homocigosidad y la estructura de apareamiento de las poblaciones por ellos estudiadas y finalmente Kibinski y colaboradores (1983) analizan diversos aspectos de la genética poblacional de *Mytilus* en las Islas Británicas entre otros los estudios por ellos realizados comprenden el análisis de la variación geográfica , causas del exceso de homocigotos, comparación de la variación entre juveniles y adultos, distribución geográfica de las especies estudiadas, variación enzimática dentro de las muestras, covarianza entre aloenzimas y caracteres morfológicos y variación macrogeográfica entre poblaciones de Europa y Norte América.

En peces los estudios también son abundantes, así entre otros tenemos aquellos referentes a la variabilidad genética y estructura poblacional en *Catostomus santaanae* realizadas por Buth y Crabtres (1982), evidencias bioquímicas para la existencia de variación geográfica en *Chanos chanos* reportadas por Winans (1980) y el de Parkinson (1984) acerca de la variación genética en poblaciones de *Salmo gairnieri* y el de Grant y colaboradores (1980) en *Oncorhynchus nerka*. El estudio de Utter y Hodgins (1972) en *Zoarcis* especie ampliamente estudiada por estos investigadores y en la que reportan en este estudio en particular, además de la estructura poblacional, la variabilidad genética, etc., presentando evidencias de correlación entre estos parámetros y otros tales como la edad entre grupos y deficiencia de heterocigotos para el polimorfismo enzimático en el sistema de esterasas III. Para terminar, un estudio realmente de aplicación en la acuacultura tenemos el trabajo realizado por Utter y Folmar (1978) en el que se describen los sistemas proteicos en la carpa herbívora, calculando la variación genética para 18 enzimas y señalando los posibles usos de estos sistemas en el manejo y mejoramiento genético, labor naturalmente acuacultural.

Con todo lo antes expuesto hemos querido mostrar al lector las múltiples posibilidades de emplear el conocimiento y experiencia genéticas para el mejor y mayor desarrollo de la acuacultura, no sólo como una actividad económica sino también como una disciplina científica, esperando que la(s) persona(s) interesada(s) el aplicar parte de estos conocimientos contribuya al desarrollo de ambas disciplinas y además colabore por medio de dicha aplicación a aumentar la producción de alimentos de los cuales estamos necesitados.

GENETICA APLICADA A LA ACUACULTURA.

LINEAMIENTOS BASICOS PARA UN PROGRAMA DE MEJORAMIENTO GENETICO EN ORGANISMOS ACUATICOS.

Debido a las exigencias actuales de una población abundante y con una elevada tasa de reproducción, se requiere mejorar los mecanismos de producción alimentaria lo suficiente como para nutrirla. La producción de vegetales no completa esos requerimientos, pues muchos de estos productos se utilizan para engorda y cría de ganado, la producción del cual completa la dieta humana gracias al alto contenido proteico de estos insumos. Un recurso por mucho tiempo explotado, pero desafortunadamente mal administrado, por no existir la preocupación de renovarlo, es el derivado de organismos acuáticos, de los cuales fundamentalmente los peces se han utilizado sin preocuparse por un manejo adecuado de la pesquería y mucho menos por una mejora en los diversos criterios de rendimiento. Recientemente ha surgido la preocupación de utilizar razonablemente este recurso, el acuático, razón por la cual se han iniciado programas no sólo de cría y reproducción masiva, sino también aquellas inherentes a una mejora genética del recurso.

Si bien es necesario, para la sustentación de una población el aumentar la producción de alimentos, es también importante la necesidad de incrementar la calidad y en cierto grado la eficiencia del sistema de producción, consideramos que una forma de lograrlo es mediante el empleo de y aplicación de los sistemas genéticos. Mediante la Genética, durante el siglo pasado y lo que va del actual. Ha sido posible el aumentar en cantidad y calidad los recursos de tipo vegetal (gramíneas, hortalizas, etc.) y animal (ganadería, avicultura), sin embargo, en el renglón de peces y otros organismos acuáticos no se han aprovechado al máximo estas herramientas.

Dadas las características biológicas de los vegetales, es en esta rama en la cual los conocimientos genéticos han permitido los mayores y mejores logros y así mismo la Genética se ha enriquecido con las experiencias aportadas al explotar el recurso, de la misma manera ha sido posible aplicar a estos conocimientos en la ganadería y avicultura consideramos importante y urgente el aplicar estos conocimientos a los organismos acuáticos fundamentalmente peces, lo cual ya se está implementando en algunas instituciones. La gran ventaja que tiene la Genética sobre otros métodos de incrementar la producción, es que los logros que se obtengan a través de ella son predecibles y perdurables por heredarse de generación en generación, eliminando así esfuerzos en la continuidad de los programas, mismo esfuerzo que se puede encaminar en el desarrollo de nuevos reproductores mejorados genéticamente y más apropiados a las condiciones y necesidades de una entidad determinada. Para el logro de estos objetivos es necesario, sin embargo, contar con la infraestructura que nos permita la realización de las metas fijadas, además de que es un sistema que requiere fundamentalmente de tiempo dedicado básicamente a la investigación y observación de los organismos que se desea mejorar. aunque el conocimiento genético es aplicable a cualquier organismo, las metodologías son variables dependiendo de la biología y hábitos del organismo que se intenta mejorar, el desconocimiento de los cuales es quizá la causa principal que ha impedido o demorado la aplicación de la Genética en organismos acuáticos como medio de incrementar la producción, ya que por su ecología es difícil mantener un control de ellos y poder realizar las observaciones y experimentos necesarios, afortunadamente, debido a la potencialidad del recurso, la Genética ya se está aplicando en diversas instituciones.

Las ventajas obtenidas por la Genética aplicada a organismos terrestres podrán ser aplicadas a organismos acuáticos una vez que sean superadas las dificultades técnicas, y esto permitirá a mediano plazo implantar una infraestructura y avance genético que redituará con creces los esfuerzos invertidos. Debido a los alcances de este tipo de programas, se considera necesario enfocar los trabajos de mejoramiento genético en los siguientes aspectos:

1.- Variabilidad, distribución y abundancia del recurso.

`2.- Mejora de las especies ya utilizadas mediante selección tendiendo así a la obtención de líneas mejoradas y adaptadas.

3.- Apareamiento selectivo de las líneas seleccionadas y mejoradas.

4.- Apareamiento interpoblacional.

5.- Hibridación interespecífica con objeto de obtener monosexos.

6.-Mediante selección y producción de mutantes con características favorables, establecer cepas puras.

7.- Estudios sobre características biológicas que permitan un mejor aprovechamiento del recurso.

Se recomienda la realización de estas etapas según el siguiente planteamiento:

1.- Variabilidad, distribución y abundancia. El mejoramiento genético de un organismo se basa fundamentalmente en el conocimiento de la variabilidad existente en la especie, misma que permitirá una vez conocido el potencial genético a ser mejorado, así como la factibilidad de su aprovechamiento. Así se recomienda, primeramente, el levantamiento de un censo en el área de influencia del recurso para conocer cuántas y cuáles son las especies existentes en ella, obtener así misma información acerca de la distribución y abundancia de cada una de ellas y las fluctuaciones que presentan durante un ciclo anual. De este censo se obtendrá también información concerniente a las especies ya utilizadas y las que manifiesten factibilidad de aprovechamiento. En este renglón pueden emplearse cualquiera de las diferentes especies que permiten la detección de la variabilidad como pueden ser: al nivel de caracteres cuantitativos el determinar la varianza para peso, velocidad de desarrollo, etc.; a nivel citológico o si se prefiere cariotípico, la determinación de poliploidias y otras desviaciones cromosómicas; finalmente a nivel bioquímico la detección ya sea por electroforesis o cromatografía de la existencia de sistemas polimórficos. Una vez detectada la variabilidad disponible se procederá a realizar tanto selecciones como apareamientos controlados que nos permitan ya sea incrementar en la población las características favorables o bien acentuar la manifestación de las mismas, según se verá más adelante.

2.- Mejoramiento de las especies ya utilizadas. Mediante selecciones apropiadas se podrán obtener líneas mejoradas para aquellas características que ya se encuentran en explotación y que fundamentalmente inciden en la producción. Esto se puede hacer básicamente utilizando métodos cuantitativos mismos que ya han demostrado su eficiencia en otras áreas. en este sentido se recomienda realizar selecciones para características tales como: velocidad de crecimiento, peso y talla a una edad determinada, fecundidad, fertilidad, índice de conversión alimenticia, adaptación a diferentes medios ambientales, resistencia y tolerancia a enfermedades, etc. El desarrollo de estas selecciones se deberá llevar a cabo mediante el manejo apropiado de la población que permita en la fase final la evaluación de un número bastante grande de individuos, ya sea por el método conocido como selección masal en el cual son seleccionados un buen número de individuos portadores del rasgo y que pasarán a constituir los progenitores de la siguiente generación, en este caso se recomienda hacer presiones de selección no mayores del diez por ciento en cada generación de selección. Este proceso de selección se deberá hacer primordialmente a partir de una población previamente no perturbada para así obtener los máximos beneficios, sin embargo, si ya se tienen en explotación una población también es válido el procedimiento. Cuando se tiene en una granja varias poblaciones de la misma especie pero que son de origen diferente, ya sea espacial o temporalmente se recomienda también realizar la selección. Ocasionalmente durante el proceso de selección o bien durante el manejo de las poblaciones pueden aparecer individuos que por mutación presentan una característica favorable, estos habrá que aislarlos de la población ya que también son aprovechables pero su explotación requiere de otros estudios y una metodología diferente que señalaremos posteriormente. Conforme se avance en el proceso de selección, se procederá a realizar apareamientos masivos entre las diferentes poblaciones seleccionadas, cada una resultante de la selección para un rasgo diferente, esto se hace con el objeto de obtener líneas de dos, tres o más características favorables y que serán portadas simultáneamente por todos los miembros de la población. También se pueden realizar apareamientos masivos entre miembros de poblaciones de diferente origen geográfico, a fin de que en su descendencia se pongan de manifiesto, por hibridación, características de adaptación factibles de ser aprovechadas en el mejoramiento de la especie como lo puede ser la resistencia a enfermedades.

3.- Una vez obtenidas ciertas variedades poseedoras de características favorables se procederá a su propagación extensiva e intensiva, a fin de probar en el campo la capacidad de las mismas y como se señaló anteriormente procurar la formación de híbridos intraespecíficos similares en cuanto a rendimiento a aquellos desarrollados en la agricultura.

4.- De manera similar se efectuarán apareamientos entre poblaciones de diferente origen geográfico, los resultados y avances de los mismos serán similares a los de los puntos anteriores.

5.- Se recomienda la hibridación interespecífica entre especies cercanas a fin de propiciar entre esas cruzas la aparición de poblaciones monosexuadas que simplificarán el manejo, además de que por su esterilidad permitirán que el esfuerzo reproductor sea dirigido hacia el crecimiento y siempre se podrá obtener ventaja del vigor híbrido.

6.- Como ya se indicó, ocasionalmente aparecerán mutantes que pueden ser incorporados a la explotación, siempre y cuando sus características sean propicias para aumentar la producción. El manejo que se debe realizar con ese tipo de individuos mutantes, será primero determinar el tipo de herencia de la característica mutada, es decir si es autosómico o ligado al sexo, recesivo o dominante; posterior o si es posible simultáneamente hacer una evaluación de él en términos de productividad o bien para características de valor adaptativo o de importancia económica. Una vez evaluada se procederá a incrementar la población o bien introducir el rasgo en la población, esto en términos generales no deberá de tomar dos generaciones. Algunas mutaciones que sería importante recobrar podrían ser aquellas referentes a por ejemplo: presencia o ausencia de grasa, existencia de alguna proteína o substancia química rara y de valor comercial, algún cambio morfológico, presencia de alguna estructura, alguna coloración diferente y fácilmente distinguible, etc.

7.- Finalmente debemos señalar la importancia de un continuo monitoreo de las características favorables, las cuales se deben estar evaluando constantemente a fin de realmente obtener un aprovechamiento del recurso.

En todas las fases del proceso de selección y mejoramiento aquí expuestas se puede intentar la aplicación de las diferentes metodologías señaladas a lo largo de esta obra y dependiendo del interés y facilidades con que se cuente.

MANEJO DE LAS POBLACIONES.

El manejar un solo ejemplar o una pareja es en un programa de este tipo irrealizable, por lo que en programas de mejoramiento normalmente se utilizan poblaciones, las que permiten observar una mayor variabilidad, razón por la cual se recomienda que todas las evaluaciones representen el promedio de 1000 ejemplares, por lo que las instalaciones deberán estar acondicionadas a soportar esa carga. El personal deberá estar capacitado para poder manejarlos sin riesgos ni problemas.

Técnicas de manejo de poblaciones.

Siempre que se trate de selección la técnica se dividirá en tres formas: positiva, negativa y neutra, es decir, en el primer caso se escogerán los 100 ejemplares que presenten la misma expresión de la característica, los cuales servirán de progenitores de la siguiente generación, esto se repetirá sucesivamente. En el caso de la selección negativa se será para aquellas características que se prefiere eliminar de la población por ser indeseables. En estos casos hay que tener cuidado con la aparición en forma fortuita de características desfavorables, las cuales se presentan por asociaciones genéticas.

El proceso se representa gráficamente a continuación, indica el aumento en número de los individuos con características favorables

Por selección neutral se entenderá el escoger como progenitores de la siguiente generación a aquellos individuos que forman parte de la media estadística de la población para la característica de que se trate. Esta selección tiene como objeto homogeneizar la población manteniendo la variabilidad, gráficamente puede tener dos expresiones.

Cuando se trate de mejorar por apareamiento para características monogénicas, estos deberán realizarse utilizando el individuo que apareció ocasionalmente con sus progenitores y sus hermanos a fin de que por consanguinidad se incremente en la población la presencia de ese factor, como podría ser la pigmentación; cuando el interés se refiere a apareamientos masivos inter e intra poblaciones se procederá a hacerlo en todas las combinaciones posibles:

A x B, A x C, C x B, etc.

Para el caso de híbridos específicos también se recomienda probar todas las características posibles. Todos estos procedimientos deberán realizarse para las especies explotadas actualmente, así como para las potencialmente utilizables, además esta técnica discriminará por sí misma a las especies que no sean comerciales.

BIBLIOGRAFIA

(La presente bibliografía adolece de una actualización ya que el principal interés de esta obra ha sido el de servir de guía a la introducción al tema más una consulta. A través del texto se han omitido algunas referencias que por ser de orden general pudieran ser incluidas ya que sirvieron al autor como guía, agradecemos al lector una disculpa por esta falla).

Allendorf, F. W. y F. W. Utter. 1979. Population genetics. En: Fish Physiology, vol. VIII. Cap. 8: 407- 434. Academic Press.

Ahuja, M. R., K. Lepper y F. Anders. 1979. Sex chromosome aberrations involving loss and translocation of tumor induced loci in *Xiphosuros*. Experientia 35: 28-29.

Aulstad, D., T. Gjedren y n. Skrjervold. 1972. Genetics and environmental sources of variation in length and weigth of rainbow trout. J. Fish. Res. Ed. Can. 29: 237-241.

Avery, O. T., C. M. Macleod y M. McCarty. 1944. Studies on the chemical nature of the substance inducing transformation of *Pneumococus* types. J. Exp. Med. 79: 139-158.

Bowen, S. T., J. ha, P. Dowling y M. poon. 1966. The genetics of *Artemia salina.* IV. Survey of mutations. Biol. Bull. 131: 230-250.

Buroken, N. E., W. K. Hershberger y K. K. Chew.1979a. population genetics of the family Ostreidae. I. intraspecific studies of *Crassostrea gigas* and *Saccostrea commercialis.* Marine Biology. 54: 157-169.

Buroken, N. E., W. K. Hershberger y K. K. Chew. 1979b. population genetics of the family Ostreidae. II. Interspecific studies of the genus *Crassostrea* and *Saccosstrea*. Marine Biology 54: 171-184.

Buth, D. S. y C. B. Crabtree. 1982. Genetic variability and population structure of *Catostomus santaanae* In the Santa Clara Drainage. Copeia 1982 (2): 439-444.

Calapria, J. R. 1969. Production and genetic factorsin managed salmonid populations. En Symposium on Salmon and Trout in streams. Nortcoti T. G. (Ed). Univ. British Columbia, Vacouver B.C.

Castorena-Sanchez, I., M. Uribe-Alcocer y J. Arreguín-Espinosa.1983. Estudio cromosómico de poblaciones del género *Tilapia*, Smith, (Pisces, Cichldae) provenientes de tres regiones de México. Veterinaria Mx. 14: 137-144.

Donalson, L. R. 1968. Selective breeding of salmonid fishes. En Marine Aquaculture. McNiel W. J. (Ed).. Oregon State University Press.

Donalson, L. R. y R. P. Olson. 1957. Development of rainbow trout brood stock by selective breeding. Trans. Am. Fish. Sci.. 85: 93-101.

Donalson L. R. y D. Menasvata. 1961. Selective breeding in chinooksalmon. Trans. Am. Fish. Soc. 90: 160-164.

Grammel, A. F. 1974. A method for obtaining chromosomes preparations from rainbow trout. (*Salmo gardneri*) by leukocyte culture. Aquaculture 5: 205-209.

Grant, W. S., G. S. Milner, P. K. Krasnowski y F. M. Utter. 1980. Use of biochemical genetic variants for identification of sockeye salmon (*Oncorhynchus nerka*) stoks in Cook Inlet, Alaska. Can. J. Fish Aquat. Sci. 37: 1236-1247.

Haley, L. E. 1977. Sex determination in the American oyster. J. Heredity 68: 114-116,

Hanson, J. A y H. L. Goodwin. 1981. Shrimp and prawn farming in the western hemisphere. Dowden, Hatchinson and Ross Inc. 329-354

Hayford, C. O. y L. Embody. 1930. Further progress in the selective breeding of brook trout at the New Jersey State Hatchery. Trans. Am. Fish. Soc. 60: 109-113.

Hedgecock, D., K. Nelson R. A. Shleser y M. L. Tracey. 1975. Biochemical genetics of lobster *(Homarus)* II. Inheritance of allozimes in *H. americanus*. J. Heredity. 66 : 114-118.

Hoogland, K. E. 1977. A gastropod color polymorphism: adaptive strategy of phenotypic variation. Boil. Bull. 152: 360-372.

James, J. G. 1978. Albinism in the edible crab *Cancer pagurus* , L. Decapoda, Brachyura). Crustaceana 35 (1): 105-106.

Kinkaid, H. L. 1975. Iridescent metallic-blue color variant in rainbow trout. J. Heredity. 66: 100-101.

Koehn, R. K. y J.B. Mitton. 1972. Population genetics of marine pelecypods. I. Ecological heterogeneity and evolutionary strategy at an enzyme locus. Am. Nat. 106: 47-56.

Lecher, P. 1964. Etude chromosomique de differentes populations de *Jara (albifrons) syei*. Bocquet. Bull. Bio. Fr. Belg. 98: 415-431.

Lecher, P. y M. Solignac. 1975. Etude caryologique *Jaera, (Albifrons ischiosetosa,* (Crustacea, Isopodae). III. Cline chromosomique des cotes ouest-européenes. Arch. Zool. Exp. Gen. 116: 591-614.

Lester, L.J.1979. Population genetics of peneid shrimp from the Gulf of Mexico. J. Heredity 70: 175-180.

Lindenfelser, M. E. 1984. Morphometric and allozymic congruence: evolution in the prawn *Macrobrachium rosenbergii* (decapoda, Paleamonidae). Syst. Zool. 33: 195-204.

Makino, S. 1951. An atlas of the chromosome numbers in animals. The Iowa State College Press. Ames, Iowa.

Malecha, S, R., S. Masuno y D. Onizuka. 1984. The faseability of measuring the heritability of growth pattern variation in juvenile freshwater prawns, *Macrobrachium rosenbergii* (de Man). Aquaculture 38: 347-363.

Menzel, R. W, 1968. Chromosome number in nine families of marine pelecypod mollusks, Nutilus 82: 45-58.

Menzel R. W. 1971. Selective breeding in oysters. En Proceding on the Conference on artificial propagation of commercially valuable shellfish. Oysters. College of Marine Studies, University of Delaware. 81-92.

Menzel, R. W. 1972. The role of genetics in molluscan mariculture. Bull. Am. Malacol. Union. 13-15.

Menzel, R. W. y M. Y. Menzel. 1965. Chromosome of two species of quahog clams and their hybrids. Bio. Bull.129:181-188.

Moav, R. 1976. Genetic improvement in aquaculture industry. Fir. Ag./conf. 9:1-23.

Moav, R., A, Fenkel y G. Wohlfarth. 1975. Variability of intermuscular bones, vertebras, ribs, dorsal fin rays and skeletal disordersin the common carp. Theor. Appl. Genet. 46: 33-43.

Moav, R., G. Hulata y G. Wohlfarth. 1995. Genetic differences between the Chinese and European races of the common carp. I. Analysis of genotype-environmental interaction for growth rate. Heredity 34: 323-340.

Murray, J. 1976. Supergenes in polymorphic land snails. I. *Portulataeniata*. Heredity 37 (2): 253-269.

Nelson; K. y D. Hedgecock. 1980. Enzyme polymorphism and adaptive strategy in the decapod crustacea. Am. Nat. 116: 238-289.

Nemeth,S. y M. L. Tracey. 1979. Allozyme variability and relatedness in six crayfish species. J. Heredity 70: 37-43.

Orzack, S. H., J. J. Sohn, K. D, Kallman, S. A. y R. Johnston. 1990. Maintenance of the three-chromosome polymorphism in the platyfish *Xiphophorus maculatus*. Evolution 34: 663-672.

Prehn, L. M. y R. M Rasch. 1969.cytogenetic studies of *Poecilia* (Pisces). Chromosome number of natural occurring poecilid species and their hybrids from Easter Mexico. Can. J. Genet. Cytol. 11: 880-895.

Schaal, B. A. y W. W. Anderson. 1974. An outline of techniques for starch gel electrophoresis of enzymes from the american oyter *Crassostrea virginica*. Grelim. Georgia

Marine Science Center Technical Report No. 74. 3

Shaw, C, R. y R. Prasad. 1970. Starch gel electrophoresis of enzymes. A recompilation of recipes. Biochem. Genet. 4: 297-320.

Stegman, k: L. 1958. Die karpfenzuchtungin Polen. Dutsch. Fisch Zag. 5 :179-184.

Svärdsson, G. 1950. Coredonid problem. II. Morphology of the coregenid species in different environments. Inst. Freshwater Res. Drottninholm 31: 151-162.

Svärdsson, G. 1952. The coregonid problema. IV. The significance of scales and gillrakers. Inst. Freshwater Res. drottningholm 33:204-232.

Tracey, N. L., K. Nelson, D. Hedgecock, R.A. Shleser y M. L. Pressick. 1975. Biochemical genetics of lobsters: genetic variation and the structure of American lobster (Homarus americanus) populations.j. fish.res.board Can 32: 2091-2101.

Tracey, N. L., N. F. Bellet y C. D. Graven. 1975. Excess allozyme homozygosity and breeding population structure in the mussel *Mytilus californians*. Marine Biology 32: 303-311.

Uribe-Alcocer, M, J. Arreguín-Espinosa, A. Torres-Padilla y A. Castro-Perez. 1983. Los cromosomas de *Dormitator maculatus* (Gobiidas, perciformes). An. Inst. Cien. del Mar y Limnol. UNAM. 10 (1): 23-30.

Utter, F. M. y H. G. Hodgins. 1972. Biochemical genetic variation at six loci in four stocks of rainbow trout. Tras. Am. Fish. Soc. 101: 494-502.

Utter, F. M. y L. Folmar. Protein system of grass carp: allelic variants and their application to manangement of introducedpopulations. Trans. Am. Fish. Soc. 107: 129-134.

Vass, P. y G. G. Pesch. 1984. A karyological study of the calanoid copepod *Eurytemora affinis*. Crustacean boil. 4: 248-251.

Vitturi, r., P. Carbone, E. Catalano y M. Macaluso. 1984. Chromosome polymorphism in *Gobius paganellus*, Lineo 1978, (Pisces, Gobiidae). Biol. Bull. 167: 658-668.

White, m. J. 1978. Modes of Speciation. W. h. Freeman and Company, San Francisco.

Wilkins, N. P. y N. F. Mathers. 1973. Enzyme polymorphism in the European oyster, *Ostrea edulis* L. anim. Blood. Grps. Biochem. Genet. 4: 41- 45.

Winans; G. A. 1980. Geographic variation in the milkfish *Chanos chanos*. I. biochemical evidence. Evolution 34: 558- 574.

Acerca del autor

Dr. Víctor M. Salceda

El Dr. Víctor M. Salceda es un destacado científico mexicano con una sólida formación académica y una extensa trayectoria en investigación genética, particularmente enfocada en la genética de poblaciones y la aplicación de los principios genéticos en la acuacultura. Obtuvo su licenciatura y doctorado en la Facultad de Ciencias de la Universidad Nacional Autónoma de México (UNAM), una de las instituciones más reconocidas de América Latina.

Gracias a su excelencia académica, fue beneficiario de una beca otorgada por el Organismo Internacional de Energía Atómica, lo que le permitió profundizar en estudios genéticos aplicados. Su carrera internacional incluye estancias como profesor invitado en la Universidad de Georgia y en la Universidad de California, en Estados Unidos, así como en la Universidad Federal del Estado de Río Preto, en Brasil.

En México, el Dr. Salceda ha colaborado con múltiples instituciones de educación superior, incluyendo la UNAM, la Universidad Autónoma Metropolitana (UAM), las universidades autónomas de Guerrero y de Baja California, el Colegio de Postgraduados y el Centro de Investigación y de Estudios Avanzados (CINVESTAV), unidad Mérida, donde enfocó su labor científica en la genética aplicada a la acuacultura.

Su experiencia abarca la dirección de numerosas tesis de licenciatura, maestría y doctorado, formando a nuevas generaciones de genetistas y especialistas en mejoramiento genético. Actualmente, se desempeña como investigador en el Instituto Nacional de Investigaciones Nucleares, donde continúa contribuyendo al desarrollo de la genética como herramienta fundamental para la productividad y sustentabilidad en el cultivo de organismos acuáticos.

Su obra, "Genética Aplicada a la Acuacultura", es un referente para estudiantes, investigadores y productores acuícolas, al combinar de manera didáctica los fundamentos de la genética con ejemplos prácticos aplicados a especies de interés comercial, destacando por su rigor científico y su enfoque contextualizado a la realidad acuícola mexicana.

Libro Editado y Distribuido por:
Editorial Best Seller LLC.
Hackensack NJ 07601

www.editorialbestseller.com
info@editorialbestseller.com

www.ingramcontent.com/pod-product-compliance
Lightning Source LLC
Chambersburg PA
CBHW071421160426
43195CB00013B/1766